現地で役立つ
ノウハウ
69

野鳥撮影

Wild Bird Photography Basic Practical Handbook

入門＆実践
ハンドブック

戸塚学＋MOSH books［著］

技術評論社

CONTENTS

CHAPTER 1

野鳥撮影の機材を揃えよう

CHAPTER 2

野鳥撮影のカメラ設定を知ろう

CHAPTER 4

野鳥の魅力を引き出す撮影テクニック

CHAPTER 5

野鳥別ピンポイント撮影ガイド

CHAPTER 6

季節別
野鳥カタログ&撮影スポット

CHAPTER 1

野鳥撮影の機材を揃えよう

01 野鳥撮影に必要な機材とは?
02 手軽＆本格撮影システム
03 カメラの選び方① センサーサイズ
04 カメラの選び方② AF＆連写
05 レンズの選び方① 焦点距離
06 レンズの選び方② F値と単焦点／ズーム
07 手軽に焦点距離を伸ばせるテレコンバーター
08 手持ちと三脚どちらで撮る?
09 三脚選びとセッティング

SECTION 01

野鳥撮影に必要な機材とは?

1 野鳥撮影には超望遠レンズが必要

日本国内において野鳥撮影をする場合は、どうしても超望遠レンズが必要になる。なぜなら基本的に、日本では野鳥が人を恐れるからだ。日本人は農耕民族なので、田畑を荒らす野鳥を「害鳥」として駆除したり、捕獲して食料としていた長い歴史を持つ。だから野鳥のほとんどは人の存在に気づくと逃げてしまう。つまり撮影では、彼らが人間を認識しても逃げない、安全だと思える距離をとることが重要なのだ。それが500mm以上の超望遠レンズが「野鳥撮影の標準レンズ」となる理由である。300mm以下がダメというわけではないが、やはりある程度の大きさでリラックスした野鳥の姿を写すには500mm以上が必要になる(プロの中には800mmが標準レンズだという人もいる)。超望遠レンズは高価で大きく重いのが特徴だが、一度でもその効果を実感すれば手放せなくなる。

Canon RF100-500mm F4.5-7.1 L IS USM

Nikon Z 180-600mm f/5.6-6.3 VR

2 安価に超望遠を実現するには？

高価な超望遠レンズを買わなくても、お財布事情に合わせて野鳥撮影を楽しめる方法もある。一番簡単なのは、テレコンバーターというレンズをマスターレンズの後ろに装着し、焦点距離を伸ばすという方法だ（→P.20）。メーカーによって異なるが、一般的にマスターレンズの1.4倍または2倍の焦点距離が得られるという優れものだ。例えば、200mmのレンズなら280mm（×1.4）、400mm（×2）に伸ばすことができる。

これからカメラを買おうという段階なら、撮影倍率が上がるセンサーサイズの小さいカメラをおすすめする。例えば、最近低価格のものが出てきている望遠コンデジ（もしくはネオ一眼）。レンズ交換ができないが、撮影倍率が50～60倍にもなる可動式レンズを持ち、軽量で手持ち撮影も可能だ。また、レンズ交換式カメラがよければ、センサーサイズがフルサイズより小さなAPS-Cやマイクロフォーサーズのカメラなら比較的安価に手に入る。

*レンズ交換式カメラは、各メーカーとも現行品はほとんどがミラーレス機に変わりつつあり、今後は一眼レフタイプが主流ではなくなると思われる。ちなみに一眼レフとは、カメラの中に鏡（レフ）を持つタイプのもの。ミラーレスとはこの鏡がないカメラとなる。

レンズ交換式カメラを持っているなら

→テレコンバーターで焦点距離を伸ばす

Canon エクステンダー RF1.4×／エクステンダー RF2×

簡易に1.4／2倍の焦点距離を得られる、テレコンバーター。

これからカメラを買うなら

→撮影倍率の上がるセンサーサイズが小さいカメラ

Nikon COOLPIX P950

望遠側2000mm相当、光学83倍ズームに対応可能なネオ一眼。

Canon EOS R50

APS-Cミラーレス一眼カメラ。小型のエントリーモデルだが、鳥認識AFを備える本格派。

手軽＆本格撮影システム

1 高倍率コンデジ・ネオ一眼［5～20万円］

一時期、各メーカーからいろいろな「ネオ一眼」と呼ばれるカメラが登場した。しかし、今も野鳥撮影において活躍しているのは、私が知る限りソニーのRX10Ⅳとニコンのcoolpix P950だ。私はこの2機種は使っていないが、レンズ交換をせずに高倍率で撮影ができるだけでなく、ミラーレス機なので手ブレ補正にも優れている。2機種を愛用している知人によると、RX10Ⅳは超望遠側が600mm（35mm判換算）という焦点距離でちょっともの足りなさを感じるが、1型センサーなのでトリミングにも対応できる。特に明るいレンズが特徴で、AF性能と被写体を追い続ける機能には大満足しているそうだ。一方、COOLPIX P950は35mm判換算で2000mm相当の撮影ができ、プリントにも十分耐えられるという。RX10Ⅳ同様にレンズ交換をしなくて済むので、センサーにゴミが入る心配もいらない。どちらも手持ちでの撮影がメインになると思うが、風景から野鳥撮影まで対応できる便利な1台だと思う。

Canon PowerShot SX740 HS
実勢価格
60,000円程度
*2023年12月現在、品薄の状態

Nikon COOLPIX P950
実勢価格
112,000円程度

Sony RX 10Ⅳ
実勢価格
220,000円程度

2 APS-Cミラーレス＋望遠レンズ〔20〜30万円〕

APS-C機は、フルサイズ機と比べると1.6倍の画角*で撮ることができる。例えば、400mmのレンズなら、400mm×1.6＝640mmと同様の画角になるというわけだ。

Canon EOS R7
実勢価格
204,000円程度

RF100-400mm
F5.6-8 IS USM
実勢価格
94,000円程度

キヤノンであれば、EOS R7+RF100-400mm F5.6-8 IS USMという組み合わせがある。この場合、画質は大丈夫？と心配になる人もいるかもしれない。確かに高価なLレンズと比較するのは酷だが、実はUDレンズを1枚使用しているので個人的には問題はないと感じて使用している。撮影していて、あと少し望遠寄りにしたいと思えばテレコンバーターを使うこともできる。

*キヤノンの場合。ニコンやソニーでは1.5倍。

3 フルサイズミラーレス＋望遠レンズ〔50万円以上〕

フルサイズ機とAPS-C機の違いはセンサーサイズだが、これが非常に大きい。とにかくセンサーが大きいのでファインダーの見え方が違う。また大きなセンサーに光を取り込むため高感度ノイズに強く、暗い場所でもきれいな画像を撮ることができるうえ、AFの性能もいいと感じる。一般的に本体が大きく重くなり、価格も高めになるが、高い性能を有する。ソニーでは高い解像力と美しいボケ味の魅力を備えたα7Ⅳ＋FE200-600mm F5.6-6.3などが野鳥撮影で活躍している。従来の機種よりボディも格段に軽くなり、手持ち撮影も可能な超望遠セットだ。

Sony α7 Ⅳ
実勢価格
373,000円程度

FE 200-600mm
F5.6-6.3 G OSS
実勢価格
292,000円程度

SECTION 03

カメラの選び方①センサーサイズ

1 センサーサイズの違い

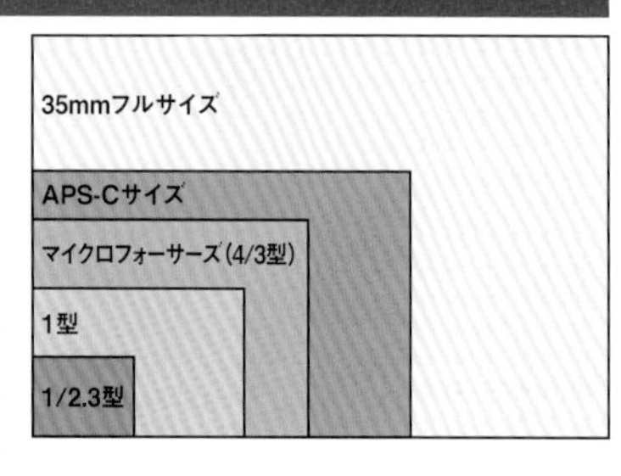

現在使われているカメラのセンサーサイズを比較すると、右の図のようになる。フルサイズと1/2.3サイズでは大きさの違いが一目瞭然。サイズが小さいほど撮影倍率が上がり、一方でサイズが大きいほどノイズが少なく描写力も高い。それぞれのメリットとデメリットを考えて選びたい。

2 センサーサイズと焦点距離の関係

焦点距離とはレンズからセンサーまでの距離のこと。センサーサイズが異なると、同じ焦点距離のレンズを使っても得られる画角が変わってくる。簡単に言えば、センサーサイズが小さくなると画角は狭くなり、焦点距離は長くなる。例えば、キヤノンのAPS-C機の場合、100mmのレンズなら1.6倍の160mmとして扱うことができる。

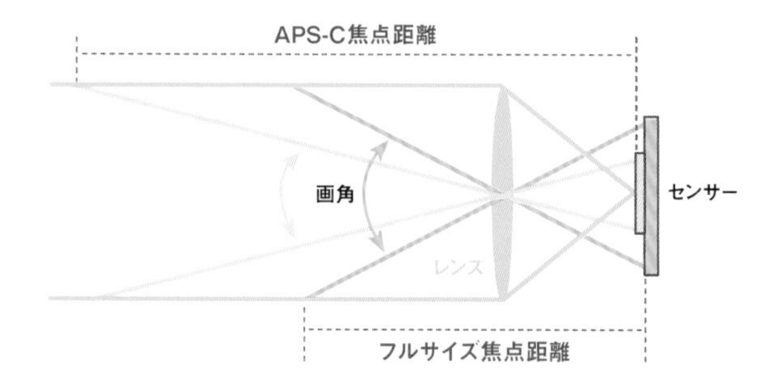

3 画質を優先するなら大きなセンサー

フルサイズ機の魅力は、描写力の高さや美しいボケ味、暗所性能の高さなどにある。現在では、APS - C機の性能の向上もあるため、さほどの遜色はないものの、写真を大きく引き伸ばしてプリントしたり、トリミングを前提に撮影したりする場合は、大きなセンサーの方が有利と言える。

EOS R5で撮影。ライチョウのペアがこちらに向かって歩いてきたところを、立山の尾根を背景に、ハイマツの斜面の上で白い身体が映えるように撮影した。

4 焦点距離を優先するなら小さなセンサー

確かに描写力やボケ味はフルサイズに及ばないが、焦点距離を優先するなら小さなセンサーサイズのカメラが有効だ。テレコンを常備すればどんな撮影条件でも対応可能となる。ちなみに、私はフルサイズ機とAPS-C機をその都度使い分けている。フルサイズ機は500mm + 1.4倍のテレコンを常に標準装備しており、野鳥を見つけたらすぐ撮影できるようにしてあるが、近づけない&もっとアップにしたいときはAPS-C機に付け替える。

EOS R7で撮影。オオアジサシが竹竿に止まる姿を狙うが、500mmを2倍のテレコンで1000mmにしてもまだ小さい。そんなとき高画素のAPS-C機に変えると1600mm相当の撮影ができる。

SECTION 04

カメラの選び方②
AF&連写

1 AF&連写の必要性

AF性能が悪いとピントが来ない「ピンボケの写真」になる。いくら連写性能が優れていても、ピントの合っていない失敗写真が量産されるなら意味がない。したがって、ピント精度が良く高速連写ができれば、野鳥の飛翔や細かな動きを撮影することができ、表現の幅も広がる。

2 歩留まりを上げるAF性能

ここでいう「歩留まり」とは、失敗をなくして成功写真がどれだけ撮れるかということだと考えてほしい。AFの種類には一度ピントを合わせるとピント位置が固定されるタイプと、被写体の動きに合わせてピントを合わせ続けるタイプがある。野鳥撮影では、後者の動体予測AFの精度が高いと有利。キヤノンのiTR AF、ニコンの被写体検出、ソニーのリアルタイムトラッキングなど、被写体の色や形を認識して追従するAF機能もある。

高いAF性能によって、手前のシチメンソウにピントをとられず、ダイシャクシギの目にピントを合わせることができた。

3 飛翔写真で重要な高速連写性能

飛翔する野鳥にピントを合わせるのは難しいが、動体予測AFシステムを使えば問題ない。ここで重要になるのが高速連写性能だ。秒間10～14コマあればまるでコマ送りのように連続写真を撮ることができる。AF性能が良くても秒間10コマ以下では「コマ落ち」といって翼の動きが上のみ、下のみという悲しい結果になることがある。

魚をくわえて飛翔するオニアジサシを連写で狙った。フレームに入っていれば、動体予測AFがピントを合わせたまま追い続ける。

4 鳥に特化した瞳AF機能

各メーカーとも、ミラーレス機が登場してからのAF性能の向上がすごい。カメラ自体がディープラーニングで動く鳥にピントを合わせるように学習。そして、ファインダー内にあるたくさんの測距点をフルに使い、一度とらえた被写体は追従し続ける。そして、鳥の身体から目を認識してピントを合わせる。この3つを組み合わせたAFシステムを使って撮影することができるのだ。近年では一部の中級機以上に搭載されつつあるが、鳥は非対応の場合もあるのでカメラの商品ページなどで確認してほしい。

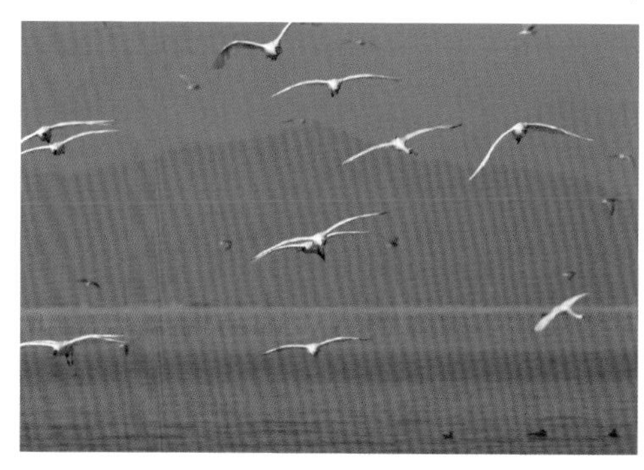
干潟からクロツラヘラサギの群れが飛び立った。中央の1羽の目にピントを合わせるとAF機能がピントを合わせ続けた。

SECTION 05

レンズの選び方① 焦点距離

1 野鳥撮影に適正な焦点距離

野鳥に適した焦点距離は、撮影者によっても違うし、鳥の大きさによっても違う。また、風景的に小さめに写すのか、どアップにするのかによっても違う。だから一概に決めることは難しい。ここでは、具体的な写真を用いて、焦点距離による写りの違いを解説していきたい。鳥が図鑑的に、ファインダーに1/4くらいの大きさで写った写真を選んでみた。焦点距離ごとの描写を理解し、好みのレンズを見つける参考にしてほしい。

2 300mm〜600mmのレンズ（野鳥撮影の定番）

野鳥撮影ではもっともポピュラーで、野鳥たちの自然な姿を写すにはもってこいのレンズ。開放値の明るいレンズは前玉が大きく重くなるが、開放F値の美しいボケ味が魅力で抜群の描写力とシャープな写真が撮れる。ミラーレス機になってから安価でもかなり高精能なレンズが出てきているので自分に合ったものを選べるようになった。

400mmで撮影。陸から近づくと逃げられるが、海からアプローチをかけることで寄ることができた。

3 600mm以上のレンズ(超望遠)

最近は軽いタイプも出てきたが、それでも重く、非常に高価。画角がとても狭いので被写体をファインダーにとらえるのが難しく、よほどの熟練者でなければ扱いづらいレンズと言っていい。もちろんテレコンバーターも使えるが、使わずに800mmなどの高倍率撮影ができるので、警戒心が強い猛禽類などの撮影に向いている。弱点としては陽炎の影響を受けやすいこと。

谷の対岸にある巣の周辺を出入りするハチクマを、木の上にあるブラインドから狙う。かなり距離があるので800mmを1.6倍クロップにするとどアップで撮影できた。

4 35mm以下のレンズ(広角)

広角レンズは風景を広く撮るレンズだと思っているかもしれないが、このレンズの良さは最短撮影距離が短いことにある。それは、被写体に近づいて撮影するとわかる。鳥が大きな場合は、風景の一部としても十分雰囲気を出すことができるし、野鳥が暮らす環境写真を撮ることもできる。このような場面で重宝するうえ、比較的コンパクトなので常備したいレンズだ。

繁殖期のヤマドリの雄は、縄張りに入ったものは排斥しようとする。この習性を利用し、16mmで狙うと予想通り近づいてきた。お邪魔してすみません。

SECTION

06 レンズの選び方② F値と単焦点／ズーム

1 F値が重要になるシーン

レンズのＦ値（絞り値）は、一番明るいものがＦ1.0。開放Ｆ値がＦ2.8、Ｆ4、Ｆ5.6と数が大きくなるほど暗いレンズとなり、暗くなる分、シャッター速度は遅くなる。例えば、開放値F4のレンズなら1/1000秒のシャッター速度で写真が撮れるところ、開放値F8のレンズは1/250秒になってしまう。これは、非常に大きな差と言えるだろう。決定的なシーンでシャッター速度が足りず、被写体ブレを起こすという状況は避けたい。開放Ｆ値の差は、このような場面で利いてくるのだ。
なお、ISO感度を上げてシャッター速度を稼ぐこともちろんあるだろう。しかし、ISO感度を上げるとその分画像の劣化やノイズが目立つようになってしまう。開放Ｆ値が明るければ、それだけ画像の劣化が少なくなる。

×

夕方の暗くなる時間に、F5.6開放のレンズでセイタカシギを撮影。1/200秒で連写したが、やはり被写体ブレを起こしてしまった。

○

F4開放のレンズで、同じ状況で撮影。羽繕いを行うシーンを連写で狙い、1/320秒で止めることができた。

2 単焦点レンズの魅力とマイナス点

単焦点レンズは一般的にF値が明るく、描写力が高い。一方で高価でもあり、なによりデカくて重い。手持ち撮影をするならやはり大きさと重さがネックになる。しかし、ミラーレス機の普及に伴い、若干コンパクトになり軽量化も進んできているほか、描写力もアップ！ しかし、より高価になっているのが最大のマイナス点と言える。

トラフズクを探していると、意外にも簡単に見つかって驚いた。暗い森の中だが、F値の明るい500mm単焦点なので手持ちで撮影できた。前ボケの具合も美しい。

3 ズームレンズの魅力とマイナス点

ズームレンズの魅力は、何と言ってもレンズを交換せずにズーミングで画角を決められること。何本も単焦点レンズを準備する必要がない。大昔は、ズームは歪みが出るからダメだと言われたこともあったが、現在愛用している私はまったくそんなことは感じない。好みにもよるが高価格帯のズームレンズに関してはデメリットなどないと思う。

梅林でジョウビタキを撮影。逃げられないようにそっと近づき、まずは一番望遠側になる400mmにズーム。バックに梅のピンクの花が入るようにした。

撮影しているとあちこちに移動しながらどんどん近くまで来てしまい、400mmでは近すぎるので引いてちょうど良い大きさになるようにした。

とうとう目の前まで来たため、一番広角側の100mmにする。バックの梅の枝がうるさくなるので青空を入れ、花が咲いた枝を前に配置してしゃがんで撮影。

SECTION 07 手軽に焦点距離を伸ばせるテレコンバーター

1 テレコンバーターってなに？

テレコンバーターはレンズの焦点距離を伸ばすことができるレンズのこと。金額は6〜8万円前後で比較的安価に購入できる。使用方法は簡単で、通常はマスターレンズとカメラの間に装着するだけ。各メーカーから1.4倍、2倍が発売されている。焦点距離を計算するには倍率をかければよく、例えばフルサイズのカメラで500mmを使用している場合、1.4倍なら700mm、2倍なら1000mmになる。APS-C機の場合はさらに1.6倍*になるので、1.4倍なら1120mm、2倍なら1600mmもの焦点距離となる。つまり、フルサイズ機とAPS-C機の2台を持っているなら、500mmのレンズにテレコンバーターを組み合わせることで、500･700･1000･1120･1600mmまでのバリエーションの画角を得られるというわけだ。使用場面としては、野鳥にどうしても近づけないとき。滅多にないことだが、近くてフレームいっぱいになってしまう場合などに顔のどアップ撮影に使うこともできる。

*キヤノンの場合。ニコンやソニーでは1.5倍。

Canon エクステンダー RF1.4×／エクステンダー RF2×

Nikon Z TELECONVERTER TC-1.4×／Z TELECONVERTER TC-2.0×

2 テレコンバーター使用時のマイナス点

テレコンバーターはまるで魔法のアイテムだと思うかもしれないが、マイナス点もある。それは装着することでF値が暗くなってしまうということだ。1.4倍は1段、2倍は2段暗くなる。例えば、500mm F4なら×1.4で700mm F5.6、×2なら1000mm F8となる。暗さはAFのスピードにも影響を与えるため、一眼レフ機ではAFが作動しても速度が遅くなったり、F11より暗くなって使えないこともあった。ミラーレス機では改善され、F22でもAFは使えるようになったが、やはり速度はかなり遅くなる。また、テレコンバーターを付けることで画質が低下するという点もある。最新のものはほとんどわからない程度まで抑えられているが、あくまでカメラ・レンズ・テレコンバーターが同じメーカーの場合に限る。同じメーカーでもマスターレンズが安価なものは画像の荒れが目立つこともあるので注意。

×

距離があったので1.4倍のテレコン+1.6倍のクロップで撮影中、急に喧嘩をし始めた雄を連写したがブレた! テレコンをしていなければ1/4000秒で止まっていたと思うと悔しかった。

○

電線に止まるチョウゲンボウを撮影。電線が邪魔だったので2倍のテレコンでバストアップにした。青空バックで明るいのでF11でも1/1000秒でブレのない画像を撮れた。

SECTION

08 手持ちと三脚どちらで撮る？

1 手持ち撮影はとっさの動きに対応できる

ミラーレス機が登場してからはレンズの軽量化もあり、手持ち撮影の頻度が高くなった。手持ち撮影のメリットは、撮影中に起こるとっさの出来事にもすぐに反応できる「即応体制」がとれること。以前は機材の大きさや重さが障害になり、手持ちで撮影することができなかったため、三脚と雲台は必要不可欠だった。また、レンズにもカメラにも手ブレ補正機能のある機種が増えたことで、より手持ち撮影がしやすくなった。フィルム時代は、手ブレを防ぐためには500mmならシャッター速度1/500秒以上が必要と言われていたが、5段程度の手ブレ補正は今では当たり前になっている。手ブレ補正が5段だと、1/500秒・1/250秒・1/125秒・1/60秒・1/30秒まで速度を下げることが可能になる。まさかと思うかもしれないが、実際にキヤノンのRF100-500mm F4.5-7.1 L IS USMで試してみたところ、きれいに止めることができて、目からうろこの体験をしている。

奄美大島の森は暗く、茂った葉陰から見えるアカヒゲを探すのは至難の業。三脚での撮影などまず不可能だ。それが手持ち撮影により可能になった時代には驚くしかない。

2 三脚は手ブレ防止＆カメラの置き場所になる

ミラーレス機を使うようになってから、レンズの軽量化＋手ブレ補正の強化により、確かに手持ち撮影も可能になった。だが、レンズの重さや大きさもあるので簡単にはいかない。超望遠の重い大きなレンズを装着して手持ち撮影をするのは、やはり長時間は難しいというより無理だ。そのため、私は「クイックシュー」を活用することで、身軽さと疲れのない撮影のバランスをとっている。脱着しやすいクイックシューをレンズの三脚座に付け、野鳥がこちらに向かってきたときだけクイックシューを外し、手持ちで飛ぶシーンに対応しているのだ。目線よりやや高い位置を飛ぶときは三脚に付けて撮影し、三脚をカメラ置き場として使用することで、疲れを抑えた撮影ができるようになった。しかし、暗い場所では信頼できる三脚と雲台は絶対必要なので、TPOで使い分けたい。

Velbon クイックシュー QRA-4
実勢価格 4,200円程度

カメラを中型の三脚で固定し、オシドリを撮影。NDフィルターを使い、川の流れをシルキーにして、スローシャッター1秒に設定。2秒タイマーを使い、撮影した中から選んだ。

SECTION 09

三脚選びとセッティング

1 まずは機材の重さをチェック

軽い機材なのに大型の三脚と雲台は使いづらいし、その逆は使用不可能だったりする。三脚と雲台には自重（三脚自体の重さ）とは別に耐荷重（三脚に載せた機材の重さに耐えられる重さ）があるので、まずはカメラ＋レンズの重さを測ってみよう。例えば2kgであれば、それより少し余裕のある耐荷重3～4kgの雲台を選び、三脚は耐荷重が4～6kgを選ぶと良い。

2 三脚の選び方

軽量のカーボン製がおすすめだが、ちょっと高価になるのが悩ましい。また、自分の身長を考慮に入れて、三脚の全高をチェックすることも必要だ。私の場合はローアングル撮影の邪魔にならないよう、いつもセンターポールのないものを選んでいる。

ジッツオ トラベラー三脚 GT1545T

実勢価格

100,000円程度

全高／最低高／収納サイズ

1,530／220／425mm

重さ／耐荷重

1,055／10kg

段数／素材

4段／カーボン

SIRUI　中型カーボン3段三脚 TM-225+B-00K

実勢価格

37,000円程度

全高／最低高／収納サイズ

1,270／140／460mm

重さ／耐荷重

0.94／6kg

段数／素材

3段／カーボン

3 雲台の選び方

三脚と同じ、いやそれ以上に重要になるのが雲台だ。ただ機材を載せるだけだと思ったら大間違い。現在は油圧で滑らかな動きをするビデオ雲台の人気が高い。カメラをつけていないと動きが悪く感じるが、超望遠レンズなら画角が狭いので少し振るだけで大きく動くため十分だとわかる。ほかにも自由雲台やジンバル雲台などがある。なお、レベリングベースがあるものは水平の微調整がしやすく便利だ。

レオフォト VTR用雲台 BV-1R
実勢価格
23,000円程度
重さ／耐荷重
0.4／3kg

マンフロット
センターボール雲台 MH490-BH

実勢価格
8,000円程度
重さ／耐荷重
0.2／4kg

4 三脚を正しくセッティングする

以前は一番細い脚は使わない、もしくはほんの少しだけ出して使っていたが、最近の機材は手ブレ防止が強化されているので、細い部分から伸ばし、手元に近い太い脚で高さや角度の微調整がしやすくなっている。

三脚の大きさ、足の太さにもよるが、私は一番細い脚を伸ばしてから、順次太い方を伸ばし、一番太い脚を手元で調節できるようにしている。

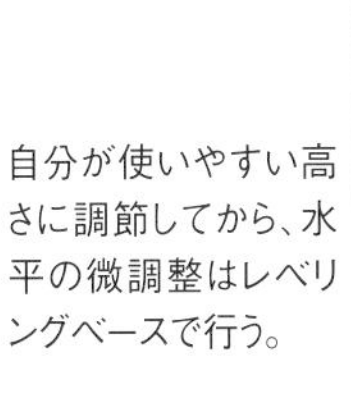

自分が使いやすい高さに調節してから、水平の微調整はレベリングベースで行う。

COLUMN

照準器を使う

野鳥撮影で「画角への導入」は重要な要素になる。被写体を素早くファインダーに取り入れればその分、撮影機会が多くなるからだ。多くの場合、撮影者は動体視力で野鳥の存在を知る。しかし、望遠レンズの狭い画角では動体を追うことが難しいので、照準器を使って被写体を画角に導入する方法がある。一般的な照準器は拡大機能を持たず、等倍の環境でターゲットを見る。飛翔写真はもちろん、静的な写真でも導入時間が大幅に短縮できる。野鳥撮影によく使われるのは、ドットサイトと呼ばれる小銃などにも使われる照準器。レーザーポインターのように強い光が野鳥に脅威を与えることもないので、安心して使える。
使用するにあたっては、まず仮のターゲット（看板の文字など）を決めて、照準器とファインダーから見えるターゲットが一致するように、照準器の角度調整をきちんと行うのが重要。AF性能の高いシステムであれば､照準器だけを見てシャッターを切ることで野鳥が写せてしまうこともある。

でじすこや
飛撮（トビトリ）
両眼視 S

小型&軽量な両眼視システム。ホットシューに取り付けて使用する。

CHAPTER 2

野鳥撮影のカメラ設定を知ろう

SECTION 01

露出モードは何がいい？

1 絞り優先AEが基本

露出モードの１つである「絞り優先ＡＥ」とは、撮影者が決めた絞り値に合わせて、適切な明るさになるようにカメラが自動でシャッター速度を設定してくれるモードのこと。フィルム時代から野鳥撮影では絞り優先ＡＥが基本とされている。なぜなら、開放絞りを優先させるとシャッター速度が必然的に速くなるからだ。素早い動きをする野鳥をブレさせずに撮影するためには、速いシャッター速度が必要な場面も多い。

また、絞り優先ＡＥには被写界深度をコントロールしやすいというメリットもある。つまり、絞り値を調整することで、撮影者が自由にピントを合わせる範囲とボケさせる範囲を設定できるので、「ボケを生かした写真」（→Ｐ.32）や、「風景的な写真」（→Ｐ.96）など、バリエーションに富んだ表現が可能になる。

絞り優先AEで開放絞りにすると速いシャッター速度を確保できるが、空をバックに飛ぶ鳥は露出補正をしないと白飛びや黒つぶれしてしまうことがある。このクマタカは＋1の露出補正で撮影した。

手前にセンダイハギの花を入れて、タンチョウを風景的に撮影。群れ全体にピントを合わせて撮りたかったので、F10に絞り込んで被写体深度を確保した。

2 シャッター優先AEはどんなシーンに向く?

シャッター優先AEは、シャッター速度を決めるとカメラが絞り値を自動に変更してくれるモード。これを使っている野鳥カメラマンも多い。私は高速シャッターよりも低速シャッターのときによく使う。特に流し撮りは、シャッター速度によって鳥の動きや周囲の風景の流れ具合が変わるので、写真の雰囲気をつくるのに重宝している。

私は流し撮りをするとき、1/60秒を基準に鳥の翼の動きやバックの流れ具合を見てシャッター速度を決定する。このときは1/60秒で何度も繰り返し撮影した中からこのカットを選んだ。

3 上級者向きのフレキシブルAE

私は現在「フレキシブルAE」を多用している(キヤノン機のみ搭載)。これはマニュアルとオートの中間のような設定で、飛翔する鳥を撮るときはシャッター速度をあらかじめ1/1000~1/4000秒に設定、絞りは基本開放に固定、明るさをISO感度で手動調整している。ISOはオートにもできるが自分の好みの明るさにしたいのであえてオートは使っていない。ただ、天気が目まぐるしく変わる状況では、その都度ダイヤルを回して調整する煩わしさがある。

フレキシブルAEで絞りを開放にすることで、周囲をぼかしトキを強調することができた。

SECTION 02

シャッター速度の目安とは?

1 野鳥撮影に適正なシャッター速度

暗い場所だが、じっとしていれば電子シャッターの1/20秒でも止められる。とはいえ、動き出した瞬間は1/50秒ではブレてしまった。

セグロセキレイが川の中州で羽繕いを始めたので連写で撮影したが、1/2000秒だと顔の動きを止められなかった。

適正なシャッター速度は表現したいシーンによって異なるので、ここでは鳥の動きを止めて写真を撮る場合の話をしよう。まず飛翔時に動きを止めるなら、大きな鳥だと1/500～1/2000秒、小さな鳥だと1/4000秒以上が必要になる。鳥の大きさによってシャッター速度を変えるのは、動きの俊敏さや羽ばたきの速さが異なるからだ。

止まっている鳥を撮影する場合は、大体は1/500～1/1000秒でブレずに撮影できるだろう。ただし、そのときの鳥の動きや機材などの撮影条件によってもブレの防ぎ具合は変わってくる。このシャッター速度を目安にさまざまな条件を考慮しながら撮影を重ねて、自分にとっての基準値を探してみてほしい。

APS-Cサイズなので、ミラーレス機とはいえ手ブレと被写体ブレが気になった。そこで1/3200秒で狙うと、問題なく翼の動きを止める撮影ができた。

2 暗所でブレなく撮影するためにISO感度を上げる

野鳥は暗い場所での撮影が多い。暗所では、光量が足りずシャッター速度が遅くなり、被写体ブレや手ブレが起きてしまうことがある。それを防ぐためには、シャッター速度とともにISO感度を上げる必要がある。ISO感度を上げることで発生する高感度ノイズが気になる人もいるだろうが、ノイズを気にして決定的瞬間を撮れなければ本末転倒だし、最近のカメラではかなり改善されてきた。それでもノイズが気になるなら、PCやスマホ上で高感度ノイズを除去できるソフトを利用してもいい。

太陽が沈むとツバメのねぐらは肉眼ではうっすらとしか見えない。明るさを確保するため1/60秒、ISO16000に設定したが、ほとんどノイズもなく撮影できた。

3 電子シャッターのメリット・デメリット

ブレを抑えるには電子シャッターを使うという方法もある。電子シャッターにはメカシャッターによる機械的な振動がないため、理論的には低速シャッターでの手ブレのない撮影を可能とする。使い方のコツとしては、高速連写を利用してたくさん撮った中からOKカットを探して使えばいい。デメリットとしては、鳥が動いている場合、木や建物が斜めになったり、飛翔する鳥の翼がぐにゃりと曲がって写ってしまうこと。これを「ローリングシャッター歪み」という。飛翔する場合はメカシャッターに切り替えるなどで回避しよう。*

*一部高級機ではほぼ解消されている。

ササゴイが飛びそうだなと思ったので電子シャッター＋秒間30コマの超高速連写で撮影。飛び立ってすぐのカットが撮れたが、ローリングシャッター歪みが出てしまった。

SECTION 03

絞りでボケをコントロールする

1 野鳥撮影における絞りの使い方

レンズの絞りは、絞り込む(F値を大きくする)ことで被写界深度(ピントの合っている範囲)を手前から奥まで広げることができる。絞り込む撮影は風景写真ではよく使われるが、野鳥写真では高速シャッターを得るために開放絞りか、それに近い絞りでの撮影が基本となる。しかし、開放F値でどアップの鳥の写真を撮ったとしよう。目にピントが合っていれば、くちばしの先端や尾羽はボケて、いわゆる前ボケ+後ボケになってしまう。絞り込んで被写界深度を深くすれば、くちばしの先端から目までピントの合った写真が撮れるが、絞り込むとシャッター速度が落ちるので今度は手ブレや被写体ブレが問題になる。そんなときは、素直にISO感度を上げてシャッター速度を稼ごう。中望遠(100～200mm)クラスで風景的にパンフォーカスの写真を撮りたいのであれば、絞りをF22くらいに設定してスローシャッター+三脚使用で臨みたい。

■ 被写界深度が深い→絞り込む

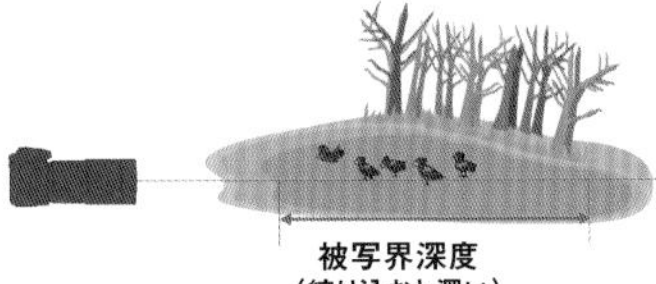

氷の上にオオワシが並んでいた。被写界深度を深くするため、F11にする。

■ 被写界深度が浅い→開放

休息するオバシギの撮影。1段絞り込んだが、それでも尾羽がボケてしまった。

2 被写界深度と写真的な狙い

主役の置き方や写真をどう見せたいかという狙いは、被写界深度の違いによって大きく左右される。例えば、次の3枚の写真ではライチョウと背景の山の見せ方が被写界深度によって異なっている。

また、ミラーレス機では絞り込むことで「ピントが合っているはずなのに甘い」という現象が起きることがある。これはレンズの収差補正では補正できない、結像性能に関わる残存収差などが原因だが、各メーカーが提供する画像編集ソフトなどで解像感を調整できる場合もある。例えば、キヤノンが提供するDPPでは、RAW画像に限りそれぞれのレンズの設計値を用いて画像の解像感を上げる「レンズオプティマイザ」という機能がある。これにより絞りすぎてピントが甘くなることから解放される。ただし、強くし過ぎると逆に不自然な写真になるので注意が必要だ。

開放絞りでは、山をバックに休息するライチョウが浮き上がって見える。

F16に絞ると、まだライチョウが山から浮き上がって見えるが、山肌もしっかり確認できる。

F32では山肌がしっかり描写される分、ライチョウがカムフラージュしたように山と同化してしまった。

キヤノンの公式WEBサイトでは、デジタルレンズオプティマイザによる効果を比較写真で確認することができます。

SECTION
04 測光モードは自分に合ったものを選ぶ

1 測光モードの種類を知る

露出とはおおまかに言えば写真の明るさのことで、基本的にはカメラが「ちょうどいい明るさ」を割り出してくれる。この明るさのことを標準露出といい、このとき、カメラが「何を基準に標準露出を決めるか」を設定することができる。これが測光モードの役割だ。例えば、明暗差のあるシーンの場合、画面全体の明るさから判断するか、一部分のみの明るさから判断するかによって露出が変わってくる。ここでは、それぞれの測光モードの特徴を紹介しよう。

キヤノン	ニコン	ソニー	機能
評価測光	マルチパターン測光	マルチ測光／画面全体平均測光	画面全体を測光する。逆光にも強く、いつ、どこで出るかわからない野鳥を失敗なく撮影できる可能性が高い。
部分測光	中央部重点測光	中央重点測光	ファインダー中央部の範囲を測光する。スポット測光よりやや広めに測光する感じと思えばいい。逆光などで被写体の周辺に強い光があるときに有効。
スポット測光	スポット測光	スポット測光（標準／大）	中央部もしくは任意の狭い1点で被写体の露出を測るため、周囲の状況に影響を受けず目的の被写体に露出を合わせられる。マニュアル露出で小さな鳥の身体の色を測るには便利。
中央部重点平均測光	ー	ー	ファインダー中央部に重点を置いて、画面全体を平均的に測光。フィルム時代には最もポピュラーだった。評価測光と近いが、強い逆光にはやや弱いかもしれない。
ー	ハイライト重点測光	ハイライト重点測光	画面のハイライト部分を重点的に測光する。ハイライト部分の白飛びを軽減して撮影したい場合に適している。

2 露出の経験則を養おう

野鳥撮影を続けていると、だんだん自分のカメラの露出の癖がわかるようになり、どの測光モードが自分の撮影スタイルに合っているのかもわかるようになる。私の場合は、フィルム時代から「評価測光」を使用している。光学ファインダーでは明るさを自分の目で確認できないが、画面全体を測光する「評価測光」なら、とっさの場面や激しい逆光などの状況でも失敗を減らすことができるからだ。ミラーレス機で撮影するようになり、撮影画面から明るさを確認できる「露出シミュレーション」が使える時代になっても、便利なのでそのまま使用し続けている。自分に合った測光モードを使い続けると、露出の経験則を養うことができ、さまざまな状況にも対応できるようになる。

[評価測光]

全体的に明るく、目のあたりの描写ができている。蓑毛の感じもいいが背中のディテールが少し飛び気味。

[スポット測光]

白いチュウサギの身体で測光しているので、全体的にやや暗くなっている。しかし、その分背中や蓑毛の描写が細かく表現されている。

[部分測光]

「評価測光」と「スポット測光」の中間あたりで、この写真のシーンでは一番雰囲気が出ている。

[中央部重点平均測光]

「部分測光」よりも広い範囲で平均的に測光しているので、より「評価測光」に近くなっている感じがする。

SECTION 05

露出補正で白飛びを防ぐ

1 露出補正で白飛びを防ぐ

露出補正とは、カメラが適正だと判断した明るさ（標準露出）を変更すること。カメラの露出計では、画面に白が多い場合は暗めの露出に、黒が多い場合は明るめの露出になってしまう。したがって、肉眼のイメージに近づけるためには露出補正が必要になる。基本的には撮影した写真が思ったより明るければ－、暗ければ＋に補正すればいい。

野鳥撮影の場合、特に背景と鳥の明暗差が大きいときは、背景に合わせて露出が設定されることで主役である鳥が白飛びや黒つぶれになることがある。例えば、暗い背景だと白い鳥は白飛びしやすく、明るい空が背景だと黒い鳥は黒つぶれしやすい。主役の鳥を引き立てたいときは、くれぐれも露出補正を忘れないようにしよう。しかし写真の狙いによっては、ドラマチックな雰囲気に仕上げるためにあえてアンダー側へ補正して影を強調し、羽根のディテールを表現する場合*などもある。

*これには光の当たり方が重要で、いつでも適応できるわけではない。

×

水面または青空バックで白い鳥をAE任せで撮る場合、露出補正は0でいい。＋1.5に補正すると、ダイサギの身体がやや白飛びしてしまっている。

○

左と同じ写真を－0.5に補正。補正0でもよいが、－補正したことで立体感が増した。

2 露出補正による設定変化に注意

露出とはそもそも、シャッター速度と絞り値とISO感度の組み合わせで決まる。露出補正で明るさを変えるということは、いずれかの数値を犠牲にして明るさを確保するということでもある。通常、ISO感度は固定されているので、例えば絞り優先AEなら絞り値とISO感度が固定され、シャッター速度が遅くなることで明るくなる。この仕組みを理解していないと、露出補正をした結果、思いがけずシャッター速度が不足してしまったということにもなりかねないので注意したい。

私が多用するフレキシブルAEでも露出補正が使えるが、私の場合、あらかじめ決めたシャッター速度+開放絞りに加え、明るさはISO感度を使って手動調整するという、ほとんどマニュアル露出のような運用をしているため露出補正の出番はない*。言い換えれば、ISO感度の調整が露出補正の役割を担っているということでもある。

*マニュアル露出では露出補正は使用不可

絞り優先AEで撮影。クサシギには西日が当たっているが、周囲は暗いので補正をしないと露出オーバーで白っぽくなってしまう。補正値を−1 2/3にして調整したが、シャッター速度が1/125秒になってしまい顔がブレてしまった。

暗い渓流のカワガラスを狙った。暗い場所と黒い鳥なので、フレキシブルAEでISO感度を800に上げて明るさを調整した。

SECTION 06

AF動作は「サーボAF／AF-C」にする

1 ワンショットAFとサーボAFの違い

キヤノンでは「AF動作」、ニコンとソニーでは「フォーカスモード」と呼ばれるAF機能の方式には、主要なものが2つある。1つは［ワンショットAF］／［AF-S（シングルAF）］。これは一度ピントが合った場所でフォーカスロックされる方式で、被写体が動くとピントは合わなくなる。もう1つは［サーボAF］／［AF-C（コンティニュアスAF）］で、動くものにピントを合わせ続けてくれる。基本的には、［ワンショットAF］／［AF-S］は被写体が動かない場合に適しており、［サーボAF］／［AF-C］は動きのある場面に適している、と覚えておけば問題ないだろう。野鳥撮影では、動く被写体に合わせてAF機能を対応させなければならない場面が多いので、後者を使う場面が多くなる。ただし、［サーボAF］/［AF-C］は、シャッターボタン半押しでピント合わせを行う場合、構図を変えるとピント位置も変わってしまうことがあるので、「親指AF」（→P.40）と組み合わせて使うことをおすすめする。

キヤノン	ニコン	ソニー	機能
ワンショットAF	AF-S（シングルAF）	AF-S（シングルAF）	シャッターボタンを半押ししてピントを合わせると、半押ししている間、ピントを固定しておくモード。止まっている被写体の撮影に適している。
サーボAF	AF-C（コンティニュアスAF）	AF-C（コンティニュアスAF）	シャッターボタンを半押ししている間、被写体にピントを合わせ続けるモード。撮影距離がたえず変化する（動いている）被写体の撮影に適している。

2 野鳥撮影でのAF動作

動いている鳥には被写体の動きを追い続けるサーボAF(AF-C)、動かない被写体にはワンショットAF(AF-S)と使い分けるのが理想だが、鳥は置物のようにじっとしていることは少ないので基本的にサーボAF(AF-C)を使えばいい。ミラーレス機の登場により、新しいAF機能である鳥認識AF/瞳AF(→P.41)が加わり、サーボAFとこれらの機能を組み合わせることで、難易度が高かった撮影の敷居が一気に下がった。しかし、野鳥撮影にワンショットAF(AF-S)が不要かといえばそうではない。サーボAFではピント合わせが苦手な暗い場所でも、ワンショットAFは正確に早くピント合わせをしてくれる。特にミラーレス機ではその性能が顕著だ。

[サーボAF/AF-C]

ホエールウォッチング船を漁船と間違えて寄ってきたフルマカモメ。船尾から突然現れるときはチャンスを逃すこともあるが、間に合えば「サーボAF」はしっかりとつかまえ放さない。

ミフウズラはまさに忍者のように素早い。道路を走る姿を確認していたので、窓からレンズを出して「サーボAF」でとらえた。

[ワンショットAF/AF-S]

特殊なライトでライトアップされたコノハズク。とはいえかなり暗く、コノハズクもほとんど動かないので「ワンショットAF」でピントを合わせて撮影した。

池のほとりの柳に止まったチュウヒ。水面の映り込みを生かしながら、距離があるのでワンショットAF+領域拡大AF上下左右をチュウヒの顔に合わせて撮影した。

SECTION 07

野鳥撮影で便利な「親指AF」と「瞳AF」

1 ピントをコントロールしやすい親指AF

親指AFとは、シャッターボタン以外のボタン（主にカメラを構えたときに親指で操作できる位置にあるボタン）でピント合わせをする方法だ。メーカーによってはカメラに「AF-ON」ボタンが備わっている、またはAF機能を備えるボタンを自分でカスタマイズできる仕様になっている。カメラの初期設定では、AFは主にシャッターボタンに備わっていることが多い。撮影者の好みによるが、私は必要なときだけAFを使いたいので、シャッターボタンのAF機能は解除している。AF-ONボタンでピントを合わせるが、ボタンを離すと自動的にAFが使えなくなるので時々AFロックとして使うこともある。

「AF-ON」ボタンを親指で押すことで、AFの作動とロックを切り換えられる。

「サーボAF」で葉の上に止まったノゴマを撮影。「親指AF」でピントを合わせた後、親指を離しAFロックした。

操作の例（キヤノンの場合）

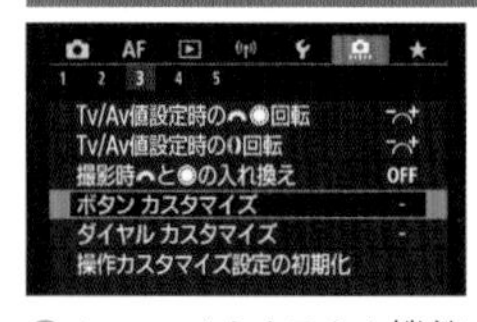

❶メニューからカスタム機能3の「ボタン カスタマイズ」を選択。

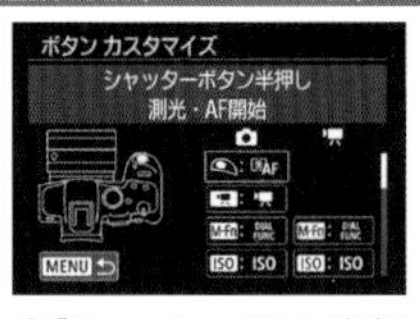

❷[シャッターボタン半押し]を選択。割り当て選択を[測光開始]にする。

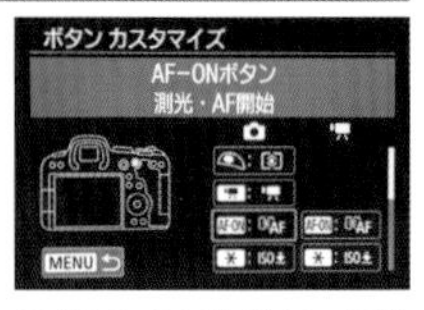

❸[AF-ON]ボタンを選択。割り当て選択を[測光・AF開始]にすれば設定完了。

2 カメラ任せでピントが合う瞳AF

最近のカメラは性能が向上し、鳥認識AF／瞳AFという機能が備わっているものもある。これはファインダー内の測距点すべてを使い、鳥を認識しその瞳をキャッチするというもの。サーボAF（AF-C）と組み合わせれば、鳥の動きに合わせるだけでなく、目にピントを合わせ続けてくれる優れものだ。つまり、ファインダーの中に鳥がいれば素早くピントが合ってしまうということ。この合わせ技の性能は、止まっている鳥はもちろんだが、特に飛翔する鳥には抜群の効果がある。

「鳥認識AF」で小さな瞳に正確にピントを合わせることができた。

操作の例（キヤノンの場合）

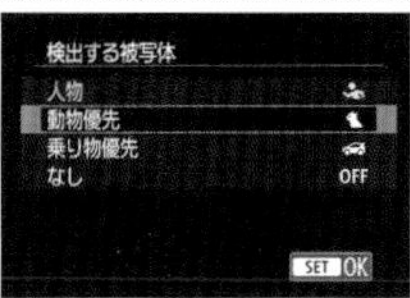

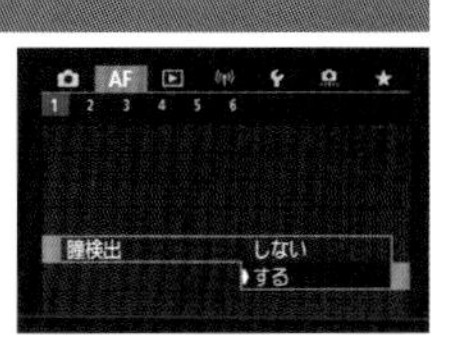

❶メニューからAFの「被写体追尾(トラッキング)」を選択。「する」を選ぶ。

❷AFから［検出する被写体］を選択し、［動物優先］を選ぶ。

❸AFから［瞳検出］を選択し、［する］を選ぶ。

SECTION 08

AFエリアモードを場面ごとに使い分ける

1 AFエリア選択モードとは何か？

画面内でAFが作動するエリアは、どの測距点を使ってピントを合わせるかによって、撮影者が選ぶことができる。メーカーによって名称やエリアの詳細が異なるので、確認しておこう。

キヤノン	ニコン	ソニー
全域AF すべてのAFフレームを使って、カメラが自動でピント合わせを行う。	**オートエリアAF** カメラがすべてのフォーカスポイントからピントを自動で合わせる。	**ワイド** モニター全体を基準にピント合わせを行う。
1点AF 任意選択した1点でピント合わせを行う。	**シングルポイントAF** 撮影者が選んだフォーカスポイントだけを使ってピントを合わせを行う。	**スポット** 撮影者が選んだポイントでフォーカス枠S/M/Lにピント合わせを行う。
スポット1点AF 任意選択した1点の狭い部分にピント合わせを行う。	**ピンポイントAF** 「シングルポイントAF」よりも、より狭い範囲にピンポイントでピントを合わせる。	**中央固定** 中央付近の被写体に自動でピント合わせを行う。
領域拡大AF(上下左右／周囲) 任意選択した1点と隣接する上下左右または周囲のフレームでピント合わせを行う。	**ダイナミックAF** フォーカスポイントから外れた場合に周囲のポイントが被写体をとらえ続ける。	**拡張スポット** ピント合わせの範囲を「スポット」の周辺まで広げてピントを合わせる。
ゾーンAF AF領域を9つのゾーンに分けて、選択したゾーンでピント合わせを行う。	**ワイドエリアAF** 撮影者が選んだフォーカスポイント（グループ）を使ってピント合わせを行う。	**ゾーン** 9つのフォーカスエリアのうち、任意選択したポイントの中で自動でピント合わせを行う。
ラージゾーンAF AF領域を左/中/右の3つの測距ゾーンに分けてピントを行う。	**3D-トラッキング** 撮影者が指定した被写体を、フォーカスポイントが追尾し、ピント合わせを行う。	**トラッキング** 任意選択したフォーカスエリアから被写体を追尾し、ピント合わせを行う。

2 野鳥撮影でのAFエリア選択モードの使い分け

ミラーレス機ならほぼ全域系のAFエリアでOKだが、やはり輝度が高く目立つものや、被写体の周辺手前に枝や葉があるとピントを取られてしまう。困ったことに、最新のカメラは機能が優秀になり過ぎて、一度被写体として認識するとピントを移動させることができなくなる。そんな場合は必要なエリアだけでピントを探すように決めておくといい。

スポット1点AF
遠いので中央のマナヅルの顔に「スポット1点AF」でピントを合わせた。

領域拡大AF（上下左右）
歩き回るコアジサシを「領域拡大AF」（上下左右）でアシストさせる。

領域拡大AF（周囲）
ランダムに走り回るタヒバリを「領域拡大AF」（周囲）で撮影。

ゾーンAF
青空を飛翔するサシバを「ゾーンAF」で撮影。

ラージゾーンAF
直線的に飛ぶノスリには「ラージゾーンAF」が有効だった。

全域AF
動きが予測不能なチョウゲンボウは、すべての測距点からエリアが選択される「全域AF」が有効になる。

SECTION 09

シャッター以前を記録する「プリ連写」

1 プリ連写とは?

野鳥が飛び出す瞬間は、野鳥カメラマンなら誰もが写したいシーンだが、一瞬の動きに反応するのは難易度が高い。しかし、もし0.5秒前に時間を遡れれば誰でも写せるはず。それを可能にしたのが電子シャッターを活用したプリ連写機能だ。プリ連写機能は、シャッターボタンを半押ししたときから録画を開始して、全押しした瞬間の0.3〜1秒前から写真として連写記録する。つまり、通常はレリーズを切ったところから撮影が行われるが、プリ連写ではレリーズを切る前の写真も得ることができるということだ。ただし、プリ連写機能で撮影する場合、シャッター速度を上げるためのISO感度設定やプリ連写機能専用のモードになるので、切り換えに少々手間がかかる。
なお、プリ連写機能を搭載したカメラは、各メーカーから個性豊かな機種が発売されている。機能の名称は、プリ撮影、プロキャプチャー、パスト連写、4Kプリ連写など、メーカーによって異なるので注意しよう。

プリ連写の作例

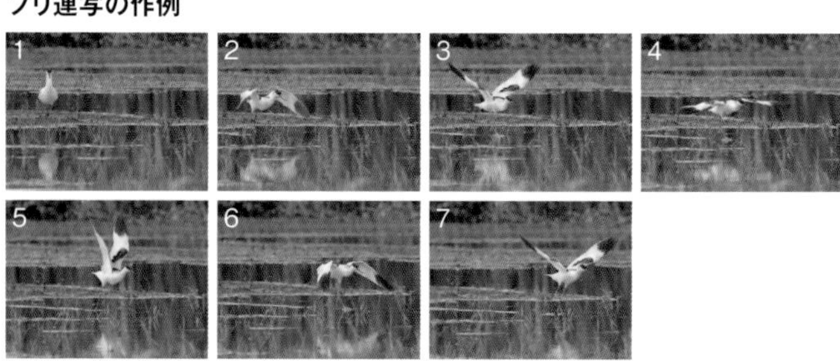

1枚目で置きピン待機、体感的には5枚目の写真でレリーズを押している。

2 プリ連写の有効な場面

プリ連写を使いたいシーンは、「飛び立ち」だと断言してもいいだろう。野鳥たちの動きは素早く、「飛んだ！」と思った瞬間にシャッターボタンを押しても間に合わない。偶然タイミングが合って撮れることもたまにあるが、タイムラグがあるので物理的には不可能だ。しかし、シャッターボタンを押す前からあらかじめ記録し、ピントも合わせ続けてくれるのであれば、難しい「飛び立ち」写真も実現できる。特に、小さな鳥たちは動きが読みにくく、飛び立つ瞬間を予測するのも難しいため、プリ連写が活躍する。

DATA

焦点距離 800mm（35mm判換算） 撮影モード プリ撮影 絞り F7.1
シャッター速度 1/2000秒 ISO 800 WB オート 撮影地 北海道

距離約10m、シャッターを押したのは4だが、その前後のカットを使用できる。3が狙いたかったカットだ。

COLUMN

レンズの手ブレ補正の設定

レンズ内手ブレ補正機能は、垂直方向·水平方向のブレを感知するジャイロセンサーが搭載されていて、ブレを感知すると補正用のコイルモーターがブレを打ち消すように働く。レンズを通る光軸を動かすので、撮影画像のみならずファインダーの中でのブレ方も軽減され、撮影しながらを実感できる。メーカーからは三脚使用時には〈OFF〉にすることが推奨されているが、超望遠レンズを付けた三脚撮影では、微妙な手ブレが起きるため〈ON〉にして撮影した方がいい。ただし、無風状態での長秒撮影や動画撮影では誤作動を起こす危険があるので、メーカーが推奨する通り〈OFF〉で撮影するといい。なお、手ブレ補正機能の有無は、レンズを確認すれば一目でわかる。キヤノンでは「IS」、ニコンでは「VR」、ソニーでは「OSS」の表示があれば、手ブレ補正機能が搭載されたレンズである。

手ブレ補正の3つのモード

手ブレ補正機能には、主に3つのモードがある。キヤノンを例にすれば、垂直・水平とすべての方向の手ブレを補正する[MODE 1]、水平方向の流し撮りのときには上下方向の手ブレ、垂直方向の流し撮りのときには左右方向の手ブレを補正する[MODE 2]、露光中にのみ手ブレを補正し、ファインダーの見え方は変わらない[MODE 3]がある。メーカーによって、右のキヤノンのレンズのようにレンズ本体に切り換えスイッチがあるタイプと、カメラのメニュー機能から設定するタイプがある。

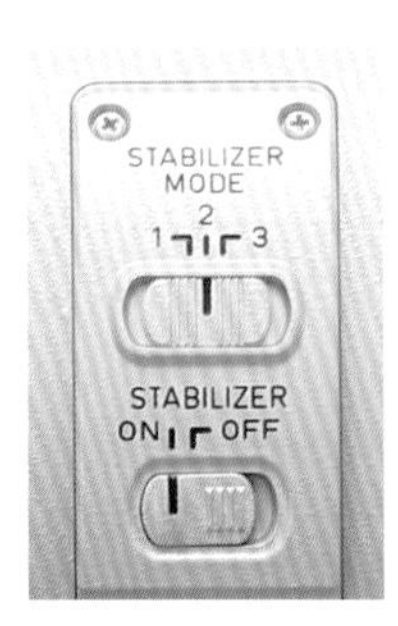

CHAPTER 3

野鳥との出会い方、探し方

SECTION 01

野鳥の見つかる「エリア」の探し方

1 食べ物があるところを探す

野鳥は食べ物のあるところを探せば必ず見つかる。着目すべきポイントは、野鳥の種類によって食べる物が違うこと。どんな野鳥が何を食べるかを理解しておけば探し方もわかってくる。ここでは森林、湿地、海上などのシーンに分けて説明したい。森林では、夏ならば繁殖のために昆虫を好むヒタキやカラ類が多いだろう。また、それを狙うタカの仲間のツミやフクロウ、昆虫が好きなアオバズクもいるかもしれない。海岸や干潟、田んぼや湿地などではサギの仲間やシギ、チドリが魚やエビ、昆虫、ミミズなどを食べるために集まってくる。海上に出れば普段見ることのできないミズナギドリやカモメの仲間が見られる。

森林
森林といっても里山と深山では鳥の種類は違うので、標高や植生も考慮に入れたい。夏場は木々の葉が生い茂って探しにくいが、葉が落ちる冬期は探しやすくなる。

湿地
葦が茂るような湿地は水鳥のほかに小鳥も多い。そして、小鳥や水鳥が多ければそれを狙う猛禽類も集まる。

池・湖

年間を通してサギ類やカイツブリが見られ、冬場はガン・カモ類が集まる場所もある。カモが多く集まれば猛禽類もやってくる。

川

上流部ではカワガラスやヤマセミ、中流部はサギ類、支流の合流部などではカワセミ、セキレイ類、クイナ類などが期待できる。

公園

渡りのシーズンには珍しい鳥たちが立ち寄ることもあるので、身近とはいえ侮れない。メジロ、ヒヨドリ、ムクドリ、カラ類、池にはカモ類やセキレイ類が見られることが多い。

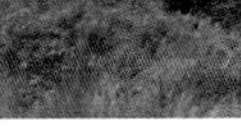

田畑

標高にもよるが、海に面していれば渡りのシーズンにはシギやチドリも立ち寄る。開けた田は野鳥たちにとって大切な餌場となる。

海岸・干潟

海岸ではサギ類、特にクロサギは海に多い。干潟はシギやチドリも渡りの中継地や越冬地として利用している。開けた場所なので鳥を探しやすい。

海上・船上

港周辺はカモメ類やカラス類たちでにぎわう。外洋へ出れば普段見られない海鳥に出会うチャンスもある。

SECTION 02

現地での探し方①「目」で探す

1 目視で野鳥の動きを察知する

慣れている人ならすぐに鳥を見つけられる。今自分がいる場所の条件や季節などの情報で、大体「いそうだな」と思う鳥たちを頭の中でリストアップできるからだ。初心者と一緒なら尊敬のまなざしを受けてちょっとうれしかったりするものだ。
よく言われることだが、自分のいつも通える、身近な観察場所として「マイフィールド」を持っておくといい。例えば、毎日同じ場所へ通えば季節によって見られる鳥たちがわかるようになるし、その行動の持つ意味もわかるようになる。休んでいるのか？餌を探しているのか？警戒しているのか？さえずっているのか？さらに、フンや食痕（食べかすや食べたあと）があればここにこの鳥がいるとわかるだろうし、いるかもしれないという推理を立てて観察を続ければ当たったときは興奮するだろう。また、特定の鳥を観察し始めると、自然と鳥を見る目も養われていく。例えば、カワセミのいる公園に毎日通えばカワセミ以外の鳥たちも目につくようになる。野鳥探しに慣れていないなら、まずは開けた場所に行くことをおすすめする。その際、双眼鏡があれば見落としていた鳥や遠くにいる鳥を観察できるので便利だ。

開けた場所

水の張られた田にハクチョウたちが集まる。鳥が大きく白く目立つのでかなり遠目からでも確認ができる。

冬は内湾や池、湖ではカモ類の群れが集まる。水面を埋め尽くすので遠目でも見つけやすい。

2 着目すべきポイントを見る

繁殖前期の雄が自分の存在を主張するために「さえずり」をするソングポストや、お気に入りの休息場所にはフンやペリット（吐き出された未消化物）の跡がある。フンは目立つので、「これは誰だ？」と大きさ、量などを見て推理するのも面白い。また食痕といって食べた跡も見逃せない。実のなる木の下にフンなどの痕跡があれば要チェックだ。

ソングポスト
コヨシキリがさえずっている場所を見つけた。飛び去った後その場所へ行くと、葉の先にフンがしっかり見られた。

3 痕跡のある場所で待つ

野鳥の痕跡を見つけたらそこでしばらく待ってみよう。痕跡を残した鳥が現れるかもしれない。例えば、川や池にある岩の上に白いフンの跡を見つけたとする。大きければサギやカワウ、小さければセキレイかイソギシか、はたまたカワセミかと想像することができる。また、スズメは桜の花をちぎって蜜を食べるので、ちぎられた桜の花が落ちている場所は要チェックだ。ペリットはフクロウ類のねぐらや休息場所でよく見つけることができるので、探してみることをおすすめする。

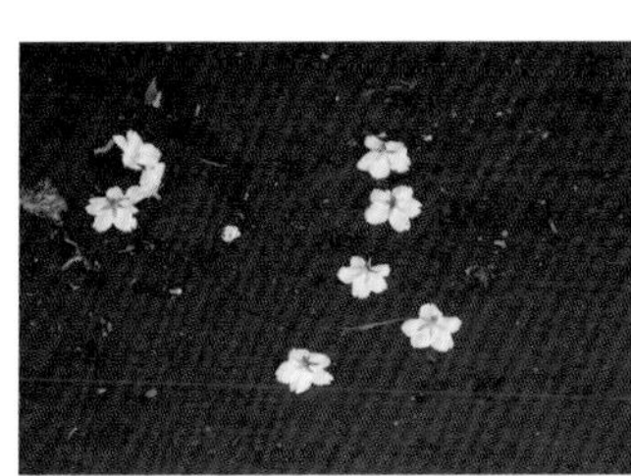

スズメが桜の花の蜜をなめるためにちぎって落としたもの。

池の岩に数か所残されたカワセミのフン。

SECTION

03 現地での探し方②「耳」で探す

1 鳴き声から探す

森林などの視界が利かない場所にいる野鳥は、草や枝葉に隠れていて見つけるのが実は難しい。慣れないうちは、まず声の主の姿を見つけるコツをつかもう。大切なことは、1点ばかり見続けないこと。鳥の声がしたら静かに耳をすませ、声が動くのを感じながら、その方角の広い範囲を「ぼ～っと」見る。そこで動くものがあればラッキー！ 声の主が見られるかもしれない。

地鳴き
雄雌ともに一年中聞くことができる。仲間同士の呼びかけや警戒を意味する。さえずりより短調で短い。カイツブリは大きな「ケレケレケレッ」と連続した声で鳴く。

さえずり
繁殖期、求愛や縄張りをアピールするときに発する。一般的に地鳴きよりも美しい。ホオジロのさえずりは、「一筆啓上仕り候」などの聞きなしで表現されることも。

警戒音
仲間に危険を警告する鳴き声。天敵が近づいてきたときなどに発する。ウグイスの「ホーホケキョ」は有名だが、警戒音である谷渡りは徐々に遠ざかるように聞こえる。

季節で異なる声
冬になるとエナガやカラ類は、混群を作って森や林の中を鳴きながら移動する。エナガは「チリリリ」「ジュリリ」と周囲から降り注ぐように聞こえる。

2 移動音などで探す

鳥たちの移動音は小さく、ほぼ聞こえない。これは哺乳類も同じで、特に移動音はしないに等しい。なぜなら移動に大きな音を出せば自分の存在を周りに知らせることになり、狙っている獲物に気づかれたり、天敵に襲われたりする危険も高くなるからだ。とはいえまったく出さないわけではない。さえずりなどはあえて危険を冒してまでも目立つ必要性から発している。地鳴きや採餌のときに出るわずかな音でも、静かにしていれば音の位置や特徴を聞き取ることができる。

地上
ツグミの仲間は、冬はほとんど鳴かず静かだ。しかし、落ち葉の下をくちばしで激しく探って餌を獲ることがあり、この音が意外と大きいため、哺乳類かと間違えることもある。

水上
カンムリカイツブリの繁殖期の地鳴き「ケッケッケッ」とさえずりの「グゥアーウーアー」はどちらも大きく、よく通る声なのですぐに存在を確認できる。喧嘩やディスプレイのときなどは激しく水を叩く音も加わる。

ドラミング
キツツキの仲間は採餌のために木の幹を叩くことから、「コツコツ」という音を出す。また、自分の縄張りを宣言するために、素早く叩いて音を出す行動を「ドラミング」といい、よく響きわたる。

SECTION

04 現地での探し方③ 習性から予想する

1 鳥の習性をチェックする

鳥たちは種類によってそれぞれ違った特徴がある。例えば、冬鳥として渡ってくるマガンは大きな群れを作るのが特徴だ。日中は田んぼや湿地で採餌をして、夜間は池や湖をねぐらとし、日の出とともに一斉に餌場へと飛び立つ。また、タカの仲間であるサシバやハチクマは、夏鳥として繁殖をして、秋になると上昇気流を使い、群れとなって南へ渡って行くのだが、その渡りのルート上にある地域では風物詩となっている。
マガンなどは越冬している間、1日のルーティーンが決まっているので、それに合わせて撮影をすることになる。特に朝の飛び立ちは人気が高い。一方、サシバなどは1日のルーティーンで撮影内容を決めるよりも、シーズン限定なので天気や風向きなどで飛ぶか飛ばないか、どこが一番いい撮影ポイントかを予想しながらの撮影となる。

宮城県伊豆沼のマガン。朝一斉に飛び立つ「ねぐら立ち」は壮大なスケールで、このときの羽音は爆音に近い。日々の天気によって状況が変わるので何年も通い詰めている人もいる。

私がよく通う愛知県伊良湖岬では9月下旬から10月上旬、サシバの渡りがピークになる。雨の翌々日＋北、もしくは北西の風がいい。風の強弱、風向きで通過ルートが変わるのが悩ましい。

2 狩り場やねぐらなどの生活場所を知る

鳥によって毎日の行動パターンは異なる。昼行性のものもいれば夜行性のものもいる。植物食なのか、動物食なのかによって採餌場が変わる。また、集団を作るのか、単独で行動するのか。野鳥が現れる狩り場やねぐらは観察することでもわかるし、種類ごとの特徴によってもおおむねのことはわかる。とにかくどの鳥たちにも習性があるので、一にも二にも観察が重要になる。人から聞いた情報だけを頼りにしても撮影はできるだろうが、自分がしっかりと観察して習得したものは、ほかの鳥たちにも経験則として生かすことができる。まずは観察することが撮影上達への一番の近道なのだ。

冬の間、タンチョウたちは凍らない川の中でねぐらをとる。氷点下10度以下になっても川の水は凍らないが、気嵐と呼ばれる水蒸気が昇り、周囲の木々の枝に霧氷を着ける。それらが朝陽で色づくシーンは美しい。

餌の少ない冬は鳥たちにとって厳しい季節。2月中旬になり梅の開花が聞かれるようになると、メジロたちは甘い花の蜜を求めて集まる。虫の少ない季節柄、梅の花の受粉にも役立っている。

カツオドリは空中で水中の魚に狙いを定めると、翼を身体につけるように伸ばし、銛のように海中に突き刺さり魚を捕らえる。飛び上がるときに飲み込むのは、他の個体からの略奪を防ぐためだ。

太陽が傾き、オレンジ色の光を失うとどこからともなく無数のツバメが集まり上空を飛び回る。辺りの明るさが失せるころ次々と葦に止まり、騒がしかった鳴き声も静かになると葦原はツバメでいっぱいになった。

SECTION 05

決定的瞬間は「観察」から生まれる

1 行動を予測できれば狙い通りの写真が撮れる

撮影を成功させるためには、まず鳥の生態を知る＝観察が重要になる。最新の高級カメラなら楽に素晴らしい写真が撮れるが、人からもらった情報ばかり当てにしていると、みんなと同じレベル止まりになってしまう。しかし、マイフィールドにおいて観察から得た情報があれば、鳥たちの行動を先読みできるようになるだろう。「この仕草の次はこの動作をする」と予測できれば、自分が撮りたいシーンに合わせてあらかじめ準備ができるので、慌てたり焦ったりすることなく撮影できる。
飛翔シーンが撮りたいなら、風向きを見て風上にスタンバイすることはセオリーだ。ツルやハクチョウは家族で一緒にいることが多く、鳴きながら首の伸び縮みをさせたときは「そろそろ飛ぶぞ」とわかる。タカなどは飛ぶ前に身体を軽くするため脱糞することが多いので、その瞬間に全集中すれば狙ったカットを撮りやすい。カワセミも採餌後にする水浴びのタイミングで、飛び立ちや水面からの飛び出しを繰り返し狙うことができる。普段からよく観察している鳥たちなら、このように行動を予測した撮影が楽しめる。

池の脇の杭で休息するオオタカの若鳥。目立っているのでカモたちもある意味安心している。狩りは隠れた場所からの急襲が多いからだ。

朝、餌場に向かうナベヅルの群れ。太陽が昇る位置を確認しておけば、その前を通過するコースの予想ができる。

ミサゴが採餌をする場所は他のミサゴも集まることが多く、ダイビングで急降下するシーンを狙いやすくなる。注意することは太陽の位置（順光で撮るか、逆光で撮るか）を決め、風向きを知りミサゴの風上に取れば正面の姿を狙うことができる。

カワセミは餌を食べた後に身体に魚のうろこが付くためか、よく水浴びをして身体をきれいにする。大体同じエリアに飛び込むことが多いので、撮影のチャンスは増える。

水面に浮かんでいる魚を捕ろうとオオワシが急降下してきた。水面から魚を捕る瞬間は翼でブレーキをかけるので、高速連写しながら追いかけるタイミングが難しい。

高速連写でササゴイが川の中の魚を捕るシーンを狙った。首を伸び縮めさせ狙いを定めるが、失敗や途中で止めてしまうことも多い。狩猟体制に入ったら何度もチャレンジするしかない。

カモ類の喧嘩は突然始まる。水面だと水を叩く音や水しぶきで気がつくことが多い。狙っても撮れないシーンなので、ダメ元でファインダーに入れ、AF性能を信じ、ファインダーから外さないようにして高速連写した。

ライチョウの交尾は雌に決定権があり、雄がいくら誘っても受け入れてくれない。雌が地面に伏せるとOKのサインで、雄は早足で近づき雌の背に乗る。交尾が終わった後も雄が翼と尾羽を広げ、雌の周りを回るので最後まで油断禁物だ。

SECTION 06
野鳥撮影に適した時間帯を知る

1 朝は野鳥撮影の絶好のタイミング

野鳥撮影の基本は朝だ。特に繁殖期は夜明け30分前になると、たくさんの鳥たちのさえずりが森中にぎやかに響き渡る。薄暗いうちの撮影は難しいが、ソングポストの位置はわかるので明るくなってから撮影にのぞみたい。大体夜明けから4～5時間くらいまでは、さえずり以外に採餌もよくするため姿が目につきやすい。昼近くになるとさえずりも減り、その分見つけにくくなるので、朝は野鳥撮影にとってベストな時間帯と言えるだろう。特に早朝は鳥たちが活発なだけでなく朝日の色づきや角度もあるので、水面や雲をバックにシルエットで狙ってもいい。また日中になると出てくる厄介な陽炎にも悩まなくて済むのも利点の1つ。

1～2月は寒いせいか、鳥たちは夜が明けてからの方が活発になる感じを受ける。この時期は子育てをせず、採餌時間に生活の大半を費やすことになるため、餌を効率的に見つけられる明るい時間帯に活動時間をずらしているのかもしれない。水辺では寒気で発生した気嵐を生かした撮影もできるので、太陽の角度、光の色を生かす撮影時間は非常に短く、大忙しとなる。

この日のねぐらの気温はマイナス20℃。これより気温が下がると、気嵐がたくさん出すぎて主役のタンチョウが見えなくなる。この日はギリギリ姿が見えた。

午前中、順光でさえずるノゴマを狙った。遠いとせっかくの青空が木の枝に隠れてうるさくなるので、ゆっくりと近づいて撮影した。

2 晴れた日中は陽炎に注意

近くの鳥を撮影したはずなのに、後で写真を見るとピントが甘くなっていることがある。場所によって異なるが、実はこれが陽炎のいたずらだ。高価な超望遠レンズを使っても起きる現象で、風が吹いていないと特に顕著に出る。この影響を防ぐためには、まず焦点距離をなるべく短くするのがポイント。陽炎が出ている場所では、800mmより500mm。これより短いレンズになれば影響をかなり防ぐことができる。しかし、鳥に近づけず遠方から狙う場合は、なかなか難しい。

陽炎の影響を受けてしまったノスリの一枚。トリミングするとピントの甘さがよくわかる。

3 夕方に狙える野鳥写真

夕方は夕日を生かした撮影のほか、シャッター速度を遅くできれば流し撮りも有効となる。ミラーレス機ならスローシャッターで街灯りと合わせた撮影も可能だ。夕日をバックに撮る場合は、太陽の位置を考慮しよう。高いうちは飛翔中のシルエットを狙いやすいが、かなり光が強いので、目を傷めないよう薄く雲がかかっているときなどに狙うといい。低い位置なら、海や湖、川などへの反射を利用したドラマチックな演出もしやすい。

朝陽が反射する海面をバックにユリカモメを入れて狙った。チャンスはわずかで時間が経つと色が赤から黄色になってしまう。この日は運良く飛び立ちを写し止めることができた。

日没後ギリギリ目視できる明るさでもミラーレス機はAFでコミミズクにピントを合わせてくれる。おかげでシャッターの振動がない電子シャッターで街灯りを入れて撮影できた。

SECTION

07 野鳥探しに必要な道具

1 発見・観察するための双眼鏡

野鳥写真の人気に火がつき始めたのは、ちょうど私が野鳥撮影を始めた30年ほど前のことだ。それ以前は野鳥を撮る人はほとんどおらず、ある意味お金のかかるマニアの世界だった。そしてバードウォッチャーと呼ばれる人々は双眼鏡と望遠鏡を使い、ひたすら観察をするのが本流だった。カメラ機材が進化し、より簡単により安く野鳥撮影ができるようになるとカメラマン人口は増えたが、一方で「写真が本命」となり、野鳥を「探す」作業をしない人が増えた。しかし、野鳥を自分の力で見つけることは撮影するための第一歩でもあるので、最低限の観察するための道具として双眼鏡は持ち歩こう。倍率は8～10倍が使いやすく価格も安い。大体2～5万円を目安に選ぶのがおすすめだ。あまり重いと肩が凝るので軽めのものがいいし、防水であればなおいい。

おすすめ双眼鏡3選

Vixen
アスコットZR 7×50WP

大口径で明るく、暗い森や悪天候時、夕方の時間帯でも使いやすいスタンダードな双眼鏡。防水仕様。

実勢価格 26,000円程度

KOWA
BD25-8GR

コンパクトで軽量ながら、素早くピントの調整が可能。明るくクリアで解像力の高い結像性能を持つ。

実勢価格 30,000円程度

KENKO
VCスマート 10×30WP

手ブレ補正機能付きの防振双眼鏡。防水機能もあり、軽量かつ握りやすい設計で、長時間の観測でも疲れにくい。

実勢価格 97,000円程度

2 種類や生態を知るための野鳥図鑑

撮影場所で双眼鏡を持っていない人は、目当ての鳥がどんな鳥かがわからずに撮っている人が多いのではないだろうか。その場でわからなくても、帰宅してから図鑑を使い自力で調べてわかったときの感動もまたひとしおだ。SNSなどで人に聞いてもいいが、まずは自分で調べることが大切だと思う。これから野鳥の観察・撮影をし始める人は、図鑑で勉強してみてはいかがだろう。

図鑑
『街・野山・水辺で見かける 野鳥図鑑』
著者:柴田佳秀、監修:樋口広芳、写真:戸塚 学
(日本文芸社)

国内でよく見かける野鳥330種を収録。生息環境別に、鳥の見た目の「姿勢」など初心者にも探しやすい特徴を紹介。見分け方、鳴き声、ユニークな生態などの情報も充実。持ち歩きしやすいコンパクトなサイズになっている。

図鑑
『山渓ハンディ図鑑 新版 日本の野鳥』
著者:叶内拓哉・安部直哉・上田秀雄
(山と渓谷社)

日本産の野鳥の生息環境、行動、鳴き声、特徴などを美しい写真とともに解説した野鳥識別図鑑。約520種掲載。1冊にまとめてあることとフィールドでも使いやすいサイズはうれしい。

HP「日本野鳥の会」

日本野鳥の会のHP。目的別にいろんなことを調べたり、野鳥との初歩的な付き合い方がわかる。
https://www.wbsj.org/

HP「キヤノンバードブランチプロジェクト」

野鳥図鑑は野鳥の会の安西氏がわかりやすく楽しい文章で解説。野鳥の撮り方は基礎から上級まで扱っている。日々更新されている。
https://global.canon/ja/environment/bird-branch/

iosアプリ『山渓ハンディ図鑑 日本の野鳥』

「日本の野鳥」は、『山渓ハンディ図鑑 新版 日本の野鳥』を収録した野鳥図鑑アプリ。532種(亜種を含めると605種類)の野鳥について解説されている。

SECTION

08 野鳥にはどこまで近づける？

1 鳥の性格や周囲の状況を考える

日本国内に生息する野鳥は、基本的に近づいて撮影するのが難しい。理由は本書冒頭で触れた通りだが、一方で、普段人間と接したことのない海外の野鳥は好奇心旺盛で自分から寄ってくるし、広角レンズを近づけても逃げない。また、鳥の種類や性格でも近づける距離は変わる。成鳥よりは幼鳥の方が近づけるし、群れの場合は警戒心が強い個体がいることで近づくことがかなり難しくなる。

最近は鳥インフルエンザ対応で禁止されている場所も多いが、餌付けができる場所では人に慣れていて餌を求めて寄ってくるカモ類もいる。

声を頼りに探すとサンコウチョウが尾羽をひらひらさせながら飛んでいる姿を見つけた。移動先の木に止まる姿を枝越しに撮影。枝が混みあっていることで、多少のブラインド効果があったかもしれない。

電線や電柱で止まっているときは比較的近づきやすい。こちらをじっと見てきたら車を停めて様子を伺い、よそ見をしたらまた少し近づく……身体を少し膨らませてリラックスしたところを狙って撮影した。

2 野鳥に近づくためのコツをおさえる

鳥は人の姿、特に頭から肩までのシルエットを嫌うと言われている。ならばそのラインを隠せばいい。簡単な方法で言うと、ポンチョを被ったり、カムフラージュシートを被ったりするだけで効果がある。また、全身が見えている状態よりも車に乗っている方がかなり近づける場合もある(→P.158)。ただ、これらの対策をしていても、急に動くと警戒されて逃げられるので素早い動きや大きな動きは厳禁だ。

採餌をするコハクチョウの群れ。この距離までは許容範囲だが、ここから少しでも近づくと警戒される。群れは警戒心が強い個体がいると、距離があっても飛ぶので近寄るのが困難だ。

ミユビシギを狙うため、砂浜に寝転んで進行方向で動かずにじっと待つ。近くまで寄ってくることを想定し、135mmまでズーミングして風景的な撮影ができた。

ブラインドの中でオシドリを狙っていると、突然一斉に水しぶきを残して飛び去った。一瞬だが対岸の森に何かが飛んで行った気配がしたのでよく探すと、クマタカが止まっていた! ブラインドがなければこんなシチュエーションでは撮れなかっただろう。

SECTION
09 野鳥をファインダー内に収めるコツは？

1 鳥をファインダー内に収めるコツ

野鳥撮影では、画角が狭い超望遠レンズを使うのが一般的なので、動きの素早い鳥はファインダーに入れるだけで一苦労する。暗ければなおさらのことだ。距離が遠くて葉や枝が混んでいる場所では、まず目印になる枝や色の着いた葉などを見つけてから鳥を導くと、ファインダー内に収めやすい。

また、野鳥撮影ではおなじみの照準器を使う方法も有効だ（→P. 26）。照準器とファインダーの中心を合わせることでファインダーの中で鳥を探す必要がなくなる。右目でファインダーが見ることができ、左目で照準器を見られるようにできる両眼視タイプの照準器がおすすめだ。カメラのAF性能の進化により、ファインダーを見ずに照準器だけを見て写真を撮る達人もいる。

暗い場所で枝に止まるイカル。背景色と類似しているが、この大きさなら最新のAFは思い通りの位置にピントを合わせてくれる。また、イカルの姿が半分以下しか見えなくても照準器だと見つけられる。

飛翔するヒヨドリをフレームに入れるには、近くにある枝から飛び出す瞬間を狙い、その枝に置きピンをしておき、飛び立ったらフレームから外さないようにする。このとき全域AFにしておくといい。

2 飛翔を撮影するときのコツ

飛翔シーンは、風上に向かって飛び立つという鳥の習性を利用するとうまく撮影することができる。飛翔コースがわかりやすく直線的に飛ぶタカなどは超簡単！と言えるが、ツバメやアジサシなど身体が小さく、トリッキーな動きをする鳥の場合は、ファインダーから外れることが多く難しい。小さな鳥よりも大きな鳥の方が難易度は下がると言えるだろう。

通常、目の前に飛んできた鳥にピント合わせをするのは難しい。しかし、距離がある状態で早めに見つけることができれば、カメラを全域AFや鳥認識に設定しておくと、空バックなら高い確率でピントを合わせることができるし、サーボAFならそのまま追い続けてくれる。また、青空バックもしくは背景がうるさくないときは、私の場合シャッター速度を1/2000秒以上、絞りを1段絞り、明るさはISOで調整している。AF設定は、全域AF・鳥優先・瞳AF＋超高速連写でほぼ撮ることができている。

餌を探しながらふわりふわりと飛翔をするコミミズク。飛翔のスピードは速くないが、急旋回・急降下するので難易度は高い。ひたすらファインダーから外さないようにAF性能を信じて全集中する。

DATA

焦点距離 700mm（35mm判換算） 撮影モード フレキシブルAE 絞り F5.6
シャッター速度 1/2000秒 ISO 2000 WB オート 撮影地 愛知県

SECTION 10

野鳥撮影のマナーをおさえる

1 巣に近づかない

野鳥の親子写真はタブー視される傾向がある。なぜなら、巣に近づきすぎると、親が危険を感じて巣を放棄してしまう可能性があるからだ。撮影者が巣の周りの草や枝を払い、親がヒナに餌を与えるシーンを撮ろうとした事例も過去には見られたが、野鳥たちの生活を脅かす行為なので絶対にやめてほしい。カモやカイツブリなど、巣から離れてヒナと一緒に行動する鳥もいるが、基本的に巣には近づかないようにしよう。

2 餌付けを行わない、環境の改変をしない

野鳥の餌付けが禁止されている場所もある。これは、人が餌付けをすることで鳥たちの本来の生活を変えてしまったり、それが原因で死んでしまうこともあるからだ。また、鳥が目立つように止まり木の周囲の枝や草を刈ってしまう行為は、ほかの野生生物の生活環境も変えてしまう危険性がある。このような撮影重視のむやみな行動は控えたい。

3 野鳥を追いかけまわさない

撮影したいからといって、距離をとろうとしている野鳥を追いかけまわすことは厳禁だ。近づけないということは、鳥が危険を感じているということ。繁殖期であれば、一緒にいるヒナが親とはぐれてしまったり、天敵に食べられてしまうこともある。野鳥にも、私たちと同じように気分がある。気分がいいときは近くに人が寄っていっても逃げずにいてくれるが、気分がよくなかったときは諦めよう。野鳥との適切な距離感がつかめれば、自然といい写真も撮れる。

4 ほかの人や自然に迷惑をかけない

珍鳥情報が流れると数百人のカメラマンが集まってしまうことがある。地域住民からの通報で警察が来ることも最近はよく聞く話。狭い歩道や木道で三脚を広げて、通行の妨げとなり迷惑をかけている場合もある。さらには、民家の庭に来ている野鳥を撮るため、許可なく望遠レンズを向けているという事例も。撮影に夢中になるあまり、ほかの人や自然に迷惑をかけないように心がけよう。また、珍鳥や人気の高い鳥の情報は、SNSなどで広く拡散するのは控えるようにしよう。

COLUMN

自分の観察フィールドを持とう

前項でも解説してきたが、野鳥観察や撮影の第一歩として、まずは「マイフィールド」を持つことをおすすめする。マイフィールドとは、日頃から継続的に野鳥観察を行うための場所。そのため、自宅からすぐ行ける公園や河川公園などが適しているだろう。頻繁に通える場所だと、こまめに観察が続けられるというメリットがあるのだ。年間を通じてどんな鳥がいるか、どんな場所によくいるかなどに気づけるだけでなく、鳥たちがとる行動の特徴もわかるようになる。また、遠方であってもお気に入りの観察場所をいくつか持っておけば、そこもいずれは立派なマイフィールドとなる。
自宅近くなら公園や干潟、年に数回通う場所なら離島や標高の高い森林といったように、さまざまな環境のマイフィールドを持つことで、よりたくさんの種類の鳥の習性を知り、撮影地で野鳥を探すときの勘も養うことができる。こうなってくると、休日がくるたびにマイフィールドを巡り、「今度はどこへ行こうか」とうれしい悩みを抱えることになる。

タカ渡りの場所は、シーズンが決まっているので天気予報を見ながら一喜一憂する。たくさん飛ぶ「当たり日」に当たったときの感動は病みつきになる。

夏は高山帯でよく見られるイワヒバリ。高山帯では、植生保護のため遊歩道から外れることはできないので、さえずりを頼りに探したり、よく見かける場所をパトロールすることで出会える確率が上がる。

CHAPTER 4

野鳥の魅力を引き出す撮影テクニック

SECTION 01

被写体を引き立てる背景を選ぶ

DATA

焦点距離 1120mm（35mm判換算）
撮影モード フレキシブルAE　絞り F5.6
シャッター速度 1/2000秒　ISO 400
WB オート　撮影地 愛知県

田の畔を歩くキジの雄がいた。手前の邪魔な土手を省き、美しい身体がより引き立つように、早苗の柔らかな緑の中で撮影。春らしさを演出した。

1 背景に何を足すか、引くかが重要

野鳥撮影では主役の鳥をファインダーの中央に配置するのが基本で、周囲の状況を見て鳥の配置を変えていく。鳥の周囲に何もない、もしくはきれいにぼけて背景色がグラデーションになっているときは鳥が引き立って見える。また、鳥を少し引いて写し、画面の中に周囲の木々や葉、逆光に輝く葉や川のざわめきなどを取り入れれば、「鳥が写っている」写真から「雰囲気のいい野鳥写真」となる。写真は「引き算」と言われるが、時には足し算も考慮に入れたい。背景に何を入れるか？何を引くか？は写真の良さを決める重要なポイントになる。

2 望遠レンズは少し振るだけで雰囲気が変わる

超望遠レンズを使って撮影する場合は、画角がとても狭いので、10cm動かすだけでずいぶんと写真の雰囲気が変わる。「動いている間に鳥が飛んでしまうのでは？」と思うのはもちろんだが、以下のことを試してもらいたい。まずは、通常通り中央に置いて撮影してから、余裕があればフレームに鳥を入れたまま左右にレンズを振ったり、しゃがんでみたり、寝転んでアングルを変えてみる。すると、雰囲気の変化に目からうろこが落ちる思いがするはずだ。また、F値が明るいレンズなら開放F値にした場合、周囲のボケをより大きくできる特徴がある。このボケを生かした作品作りにもチャレンジしてもらいたい。

佐賀県東与賀の干潟では、秋になるとシチメンソウが赤く色づく。シチメンソウを画面の半分近くまで入れて撮影したが、開放値が明るくないレンズなのでボケがうるさく感じる仕上がりになってしまった。

寝転がって撮ることができない撮影環境だったので、できるだけローアングルにしてシチメンソウの上の部分を画面の下に配置することで、背景の青い水面に赤いラインがうまく映え、秋らしさを演出できた。

SECTION

02 目線の先をあけて撮る

DATA

焦点距離 400mm
撮影モード フレキシブルAE 絞り F8
シャッター速度 1/250秒 ISO 100
WB 太陽光 撮影地 北海道

朝陽を受けて輝く霧氷の前に、ダイサギが佇んでいた。張り出した枝先と、目線の先にいた3羽のマガモが入るように狙ってみた。

1 野鳥も人も目が命

「写真の良し悪しは構図で決まる」と言っていいほど、構図作りは重要だ。基本形として、主役を中央に置く「日の丸構図」、画面を縦横3つに区切りその交点に主役を配置する「三分割構図」、主役を水平や垂直ではなく斜めに配置する「対角線構図」がある。この基本構図に沿って野鳥を画面に配置すれば、それなりに安定した写真になるが、ここでもう1つ加えるなら「目線」だ。「野鳥も人も目が命」なので、鳥の目線の先に空間をあけるだけで写真自体が落ち着く。逆に、意図せずに目線の反対側に空間があくと「間の抜けた写真」になってしまう。

2 その構図に意図はあるか？

すっきりとした画面では、野鳥の目線はとても重要になる。人は写真の中の生き物(人間も含めて)の目線の先が気になるのだ。画面がすっきりしていればいるほど、目線の先に空間がないと安定感がないうえに窮屈な印象を受ける。だが、「どんな状況でも目線の先に空間をあけるのが正解か？」というと、そうとも言い切れないのが難しいところ。どのような写真を撮りたいのかという表現の意図も踏まえて選択したい。

撮影時だけでなく、後から写真をセレクトするときにも空間を意識してみよう。ちなみに野鳥写真を使った広告や本の表紙などでは、よく空間にコピーが入っている。身の回りの野鳥写真が、どのように空間を使っているか調べてみると、新しい発見につながるかもしれない。

ヤツガシラの撮影では、名前の由来にもなっている頭の換羽を広げる瞬間を狙いたい。

ハスのつぼみに止まるカワセミ。左奥のハスの花を入れるため、あえてセオリーを外したが、バランス的にはいいカットが撮れた。

SECTION

03 どアップで撮る

DATA

焦点距離 1600mm(1.6倍クロップ)
撮影モード フレキシブルAE 絞り F11
シャッター速度 1/500秒 ISO 1600
WB 太陽光 撮影地 沖縄県

カンムリワシは近づいて撮影しやすい。田んぼの杭に止まっていたところを、ポートレート風のカットを狙って撮影。

1 日の丸構図は悪か?

野鳥写真の基本は「まず日の丸構図で撮ること」。ここでいう日の丸構図とは、ポートレートだと思っていただきたい。ベテランといわれる人の間では単純な構図として嫌われる傾向があるようだが、ストレートに主役を見せる日の丸構図はインパクトが強く、見入ってしまうものが多い。例えば、猛禽などを近くで撮るとき、テレコンを付けて顔だけのアップにするだけでも面白い写真が撮れるはずだ。アップで写る分、表情もはっきりわかる。野鳥撮影は「日の丸構図に始まり、日の丸構図で終わる」のだ。

2 日の丸構図が生きる場面を知る

日の丸写真は鳥がフレームの中央に配置された写真。鳥の姿がはっきりわかるので、図鑑などで使用される写真もこの構図が多い。しかし、日の丸構図は主題がはっきりすることが最大の特徴。だからこそ、日の丸構図が生きる場面を知り、「ワンランク上」の写真を撮るにはどの構図が今一番いいのか、現場で判断していく力が必要になる。

寒い朝、タンチョウが鳴き交わしを行うシーンを狙っていると、逆光に白い息が目に付いた! すぐに画面中央に配置して首から上だけを狙い、白い息を強調した。

スズメをアップで撮る人は少ないと思う。遠目で見るスズメもかわいいが、どアップかつ横向きよりも真正面+目線はかわいいと気づき、目からうろこの発見だった。

琵琶湖に注ぐ姉川には、落ちアユを狙ってサギが大挙する。あまりにも数が多く距離も近いので、どアップで魚を捕らえた姿を狙った。このような狩りの瞬間は日の丸構図が生きる。

SECTION 04

カメラアングルに変化を付ける

DATA

焦点距離 89mm
撮影モード フレキシブルAE　絞り F11
シャッター速度 1/1000秒　ISO 400
WB 太陽光　撮影地 宮城県

手のひらに24-105mmレンズを乗せて、バリアングルでオナガガモを狙った。ローアングルなのでバックの木々や青空まで入れることができた。

1 アングルとズームで雰囲気を変える

ご自身の撮影スタイルを思い浮かべてほしい。立って撮影？ 座って撮影？ 車の窓から撮影？ もちろん体勢を変えられない場合は仕方がないが、変えられるのに変えてないのはもったいない！ こちらの目線を変えるだけで写真の雰囲気はがらりと変わるからだ。もちろん、ここに縦位置も加えてほしい。さらに、ズームレンズなら焦点距離の違いでこのバリエーションをもっと広げることができる。思いきりアップにすればポートレート風に、引けば風景写真のような一枚に。ぜひとも「もう撮ったから」ではなく、いろいろとチャンスを試してほしい。

2 さまざまなアングルにチャレンジする

私は車内以外では、まず鳥を見つけやすい「立って撮る」→「座って&しゃがんで撮る」→「寝転んで撮る」を実践している。ローアングルの撮影時は、寝転がると水平が狂いやすいのでファインダー内に水準器を表示させておくといい。寝転がれないときには、バリアングルモニターやチルトモニターが便利だ。高台からの撮影では、飛翔シーンを目線や俯瞰で撮影できるし、橋や船の上からは俯瞰での撮影もできる。

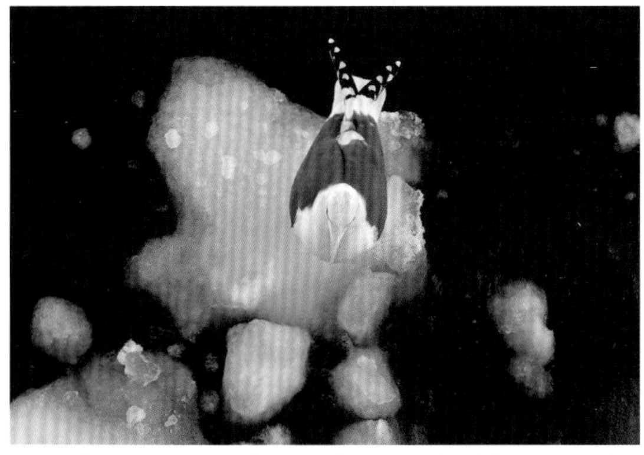

オオセグロカモメが乗った砕けた流氷が徐々に船に近づいてくる。船から身を乗り出すと、間近で俯瞰撮影をすることができた!

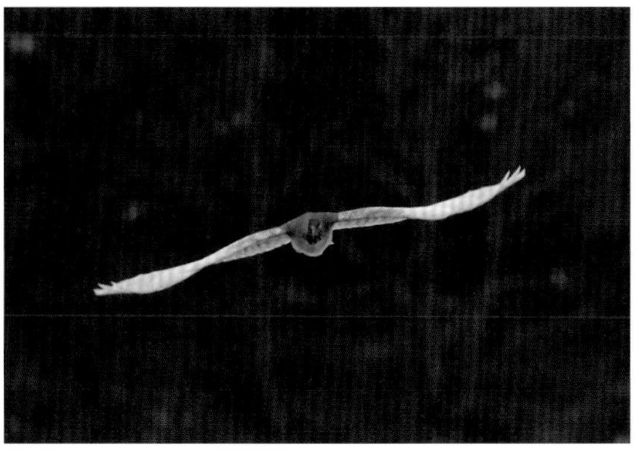

佐渡島のトキ交流館で撮影していたら、職員さんに「ここじゃ見えないから2階で撮りなよ」と言われて撮影場所を移動。飛び立つのを待っていたらまっすぐこちらへ向かってきた。目線で飛んで来るトキに興奮したことは言うまでもない!

SECTION

05 縦位置・横位置で撮る

DATA
焦点距離 167mm
撮影モード フレキシブルAE
絞り F5.6
シャッター速度 1/640秒
ISO 1250 WB オート
撮影地 岐阜県

ヤマドリの雄の尾羽は長くて美しい。しかし長すぎて撮影は悩ましい。横位置だとうまく表現できないのだ。粘った甲斐があって、倒木の枝に乗ってくれたおかげで、縦位置のほれぼれする姿を収めることができた。

1 まず横位置で撮り、縦位置もおさえる

横位置での撮影は基本だが、ぜひとも縦位置での撮影も試みたい。同じ被写体でも、横位置と縦位置ではずいぶん雰囲気が変わるからだ。カメラの横位置は安定の構図、縦位置は動き・変化の構図だといわれているが、実際、横位置の写真は安定感があって見ていて落ち着くし、縦位置になると余分なものが省かれて迫ってくるような雰囲気の写真になる。とはいえ、鳥の場合はすぐに飛んでいってしまったり、移動したりしてしまうのでシャッターチャンスは限られる。まずは、横位置で納得がいくまで撮影して、余裕があれば縦位置でも撮影したい。

2 縦位置・横位置を撮り分ける

昼間のエゾフクロウは休息時間でほとんど動かない。こういうときは、レンズ交換はもちろんだが縦位置でも必ず撮っておく。横位置とは違った雰囲気の写真になるからだ。

主役を中央に配置して横位置で撮影した場合、主役の左右に空間があく。一方で、縦位置で撮影した場合は、主役の上下に空間があく。これはつまり、横位置と縦位置とで写真に入れられる要素が変わってくるということ。例えば、縦位置の場合、主役の上に広がるきれいな青空や夕焼け雲を取り入れたり、主役の下にもきれいなお花畑などがあれば取り入れることができる。

実際の撮影方法についても触れておこう。前項でも少し触れたが、まずはしっかりと横位置で撮影する。このとき、フレームを上下に振りながら「入れたいものと省きたいもの」を確認して撮影しよう。余裕があれば縦位置にして、同じように撮影する。初めは難しく感じるが、慣れてくれば無意識にできるようになる。

新緑のイメージを出したかったため、左右の空間の緑を取り入れつつ、手前の葉はぼかしてエゾフクロウを強調した。

SECTION

06 スローシャッターで撮る

DATA

焦点距離 700mm
撮影モード フレキシブルAE 絞り F25
シャッター速度 1/40秒 ISO 100
WB オート 撮影地 岐阜県

朝陽が昇り、空の色に変化がなくなると撮影もワンパターンになる。快晴ではなかったので、流し撮りに切り替えてレンズを振り続けた。

1 流し撮りで主役を引き立てる

流し撮りとは、鳥の顔、特に目にピントを合わせつつ、スローシャッターで翼や周囲の風景を流すという撮影方法のこと。私は1/60秒のシャッター速度を基軸にしている。ちなみに1/250秒以上の高速シャッターを使うと、鳥の飛翔スピードにシンクロしやすく「ビシッ」と動きを止めた飛翔シーンが撮れる。私はこれを「高速流し撮り」と呼んでいる。逆に1/30、1/15、1/8秒と遅くすればするほど難易度が上がるが、決まったときは感動すること間違いなし。時間帯や天候などによって明るさを確保できない場合は、試してみてほしい。

2 スローシャッターで波や川の流れをシルキーに

鳥の翼と周囲を流すことで躍動感を演出するのだが、その逆もできる。鳥が動かないときに限られるが、川の流れや波をブレさせることで周囲の動きを表現できるのだ。暗い環境なら遅いシャッターで撮影できなくもないが、ND（減光）フィルターを使うことでより強調できる。この撮影では基本的に三脚が必須だ。さらに、1秒以上の長秒撮影ではあまり鳥を大きく写さないことにも気をつけたい。鳥の呼吸する動きでブレが目立つからだ。

1/10秒でオシドリを撮影。小雨が降っていたのでF20にして被写界深度を上げながら撮った。明るい日には暗さを調節できる可変NDフィルターを使うと便利だ。シャッターはモニターに触ると切れるタッチシャッターで撮影。

通常なら三脚＋可変NDフィルターを使うシーンだが、手持ちができる軽量コンパクトなズームレンズなのでスロープをゆっくりと下りながらダイゼンに近づいた。普段は避ける強いトップライトだが、おかげで思い通り激しい波しぶきを表現できた。

SECTION 07

風上で待ち、飛び立つ瞬間を狙う

DATA

焦点距離 1120mm（35mm判換算）
撮影モード フレキシブルAE　絞り F5.6
シャッター速度 1/2000秒　ISO 320
WB 太陽光　撮影地 愛知県

多くの猛禽類は飛び立つ前に体を軽くするためか、脱糞することがある。毎回ではないが、脱糞後はかなり高い確率で飛び立つので、スタンバイしておきたい。

1 「兆し」をとらえて飛び立つ瞬間を狙う

鳥の飛び立ちは魅力的で狙いたいと思う人も多いはずだ。小鳥が飛ぶときの兆しは見過ごしやすいが、大きな鳥の場合はわかることが多い。ツルやハクチョウなどは飛ぶ前に鳴き交わして、首を上下させる動作の後、助走をつけて飛ぶ。一方、猛禽類の場合は飛ぶ前に脱糞することが多い。このような兆しを見つけることができたら、すぐにカメラを構えてスタンバイしよう。鳥たちは基本的に風上に向かって飛ぶので風向きを見て自分のポジションを決めることになる。真正面から翼を広げた迫力のある画を狙いたいなら、風上で待つのがおすすめだ。

2 鳥は風上に向かって離着陸する

鳥たちは、基本的に風上に向かって飛び立つ。その理由は、効率的に飛翔をするための「省エネ」だ。風上に向かうと浮力が上がるので、労なく空中に飛び上がることができるのだ。猛禽類などの大型の鳥になればなるほど、この省エネ飛翔をよく行っている。撮影するときは、この習性を利用して、彼らに警戒されないように近づいて風上側で待つようにしよう。そうすれば、飛び立つシーンを正面から撮れる確率が上がる。

着陸に関してはどこに降りるか、止まるかがわかりづらいが、基本的に着陸も風上に向かって降りる。理由は離陸と同じで、風下（追い風）だとブレーキが効きづらく、風上だとブレーキが効きやすくなるからだ。飛び立つシーンを撮るために、鳥に石を投げて無理やり飛び立たせようとするカメラマンがいるが、もちろんご法度である。そんなことをすれば、たとえ風下だろうと後ろ向きに逃げるように飛ぶ。いわゆる「ケツ撃ち」という写真になり、良い写真などは決して撮れない。風上で待つときは、静かに一定の距離を保って待とう。

ミサゴが脱糞したのち、飛び立つ姿を連写で追いかけた。通常は飛ぶ前に風上の方向に顔を向けているので、そちらへ向けてレンズを振ればいい。アップにし過ぎるとフレームに収めるのが難しいので、少し引いておいた方が無難かもしれない。

SECTION 08

光の当たる方向を意識する

DATA

焦点距離 800mm（35mm判換算）
撮影モード フレキシブルAE
絞り F4
シャッター速度 1/2000秒
ISO 160　WB 太陽光
撮影地 滋賀県

夕方の斜光を浴びたダイサギ。早苗の緑を生かしてもっと爽やかな表現もできるが、思いきりアンダーにして、ダイサギの白を強調するように縦位置で狙い、水面に白い映り込みが入るように撮影。現像時にはよりインパクトが強くなるように調整した。

1 光をコントロールした写真を撮る

写真は光と影で表現される。それはカラーもモノクロも同じだ。ただ、色のない白・黒・グレーで表現された素晴らしいモノクロ作品を見ると、色のない世界観に圧倒される。最近の野鳥写真は「色」にこだわりすぎた表現が多いが、写真を撮るうえでもっとも大切なことは光を読むことだ。カラーもモノクロも本筋は同じなので、鳥の美しい体の色を表現するうえでも、ぜひ光をコントロールした写真を撮りたい。まずはファインダーの中で明るさを調整して「何を表現したいか」を考えながら撮影をしてみよう。

2 さまざまな光で撮り分ける

光の向きの種類は、大きく分けると順光・斜光・逆光の３つだ。順光は被写体の正面から差す光で、被写体に光がまんべんなく当たる。オート露出でも問題なく撮れるが、影が出ないので平面的になり、「図鑑写真」と呼ばれるタイプの写真には適している。斜光は斜めから差す光で、ほどよく影が出るので立体感を出しやすい。一方、逆光は後ろから差す光で、露出の決定が難しい。鳥の身体の色や模様をどれほど出すか、シルエットで黒くつぶして周囲の色を強調するかなど、悩ましい光ではあるが、撮り方のバリエーションが広がる分、さまざまな表現が生まれる魅力もある。ミラーレス機ならファインダーで明るさを確認できる「露出シミュレーション」機能を搭載しているので、撮影前に露出の調節が可能だ。逆光の悩ましい露出の悩みも解消してくれる。

キジの雄の身体の色は美しいが、光の当たり具合でてかったり、つぶれたりとなかなか難しい。午前の順光を使い、メタリックな色を表現した。

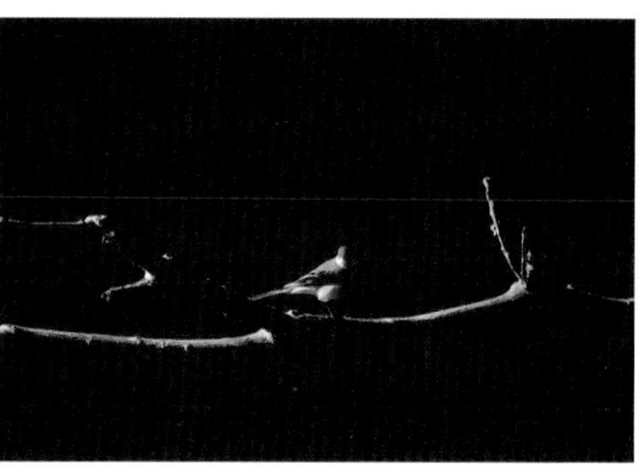

正午近くのトップライトは、光が強すぎて鳥の身体はてかるし変な影も出てしまう。しかし、露出シミュレーションを活用すれば、現像するときにどうしたいかをイメージできる。

SECTION 09

薄曇りの光で鳥の色を美しく出す

DATA

焦点距離 700mm
撮影モード フレキシブルAE 絞り F5.6
シャッター速度 1/500秒 ISO 640
WB オート 撮影地 北海道

霧雨が上がるとうっすらと陽が差してきた。まだまだ暗いなぁと感じるが、少しだけツメナガセキレイの目にキャッチライトが入り、表情がいきいきとして見える。

1 晴天や曇りで撮影するときのデメリット

天気のいい、青空のもとの順光が一番いい光だと思っていないだろうか。確かに青空を入れた広大な風景を撮影するにはいいが、野鳥撮影ではそうとも言えない。実はあまりにもきつい光は被写体に反射して、本来の美しい色を表現できないことがあるからだ。それでは、曇りがいいのかというと、そうとも限らないので難しいところだ。曇りや雨の日はしっとりとしてきれいなのだが、シャッター速度が遅くなることでブレやすいし、コントラストが下がることで「カリッ」とした印象がしない写真になりやすいのだ。

2 薄曇りは野鳥撮影では理想的

晴れの日は光が反射して、鳥のきれいな体の色を表現できない。だが、逆に厚い雲が空一面を覆っていると、今度はコントラストが下がってしまう。では、どういう天候と光なら一番きれいに写真を撮ることができるのかと言えば、高曇り、薄曇りのうっすら影ができるような光が良い。高曇り、薄曇りだと光が野鳥の体に反射しにくいため、鳥の色をきれいに表現することができるのだ。また、たとえ正午のトップライトに近い位置の光でも、やわらかく主役に降り注ぐので強い影ができにくい。ある意味、野鳥写真を撮るうえでは理想的な光と言える。

しかし、だからといって、薄曇りの光の写真ばかりでは単調になる。やはり青空をバックに飛ぶ姿は美しいし、朝日のシルエットも素晴らしい。薄曇りの光は、失敗の少ない光だと理解していただきたい。

越冬中は、なかなか日差しの下へ出てこないルリビタキ。晴れた日に日なたに出るとコントラストの影響できれいに撮れないことが多いが、薄曇りの光はしっとりとしていてきれいに見せてくれる。

暗い森の中で困るのは「木漏れ日」。明暗の激しさから露出が難しいのだ。赤色が目立つリュウキュウアカショウビンの体も、この光の中では保護色になる。くちばしのテカリも立派な保護色だと納得。

SECTION

10 魅力的なポーズを狙う

DATA

焦点距離 800mm（35mm判換算）
撮影モード フレキシブルAE 絞り F7.1
シャッター速度 1/400秒 ISO 400
WB オート 撮影地 沖縄県

リュウキュウツバメの「エンジェルポーズ」を撮影。羽繕いの途中で伸びをする際、天使の翼のように見えることがあるので、そう呼ばれている。

1 いろいろな仕草やポーズを狙う

読者の皆さんは、鳥がどんな仕草をしている写真がお好みだろうか。自分にとって魅力的な仕草やポーズが撮れたらどれほど幸せになれることか！ 例えば、私ならディスプレイ*の動作は外せないし、羽繕いの後の伸び（エンジェルポーズ）も。水浴びのシーンは、最後に飛び上がって身体についた余分な水分を弾き飛ばす姿も狙いたい。撮影ができたからとさっさと移動せず、観察に重点を置くことで魅力的なポーズやシーンに出会えるチャンスが増える。

*繁殖期に縄張りの主張や求愛のために行う特殊な行動のこと。目立つ飛翔やポーズを取ることが多い。

2 生態を考えてポーズを待つ

野鳥の生態を知ることが、魅力的なポーズ、さらには「他とはひと味違う野鳥写真」を撮ることにつながる。では、生態を知るためにはどうすればいいのか。それはとにかく、撮影の合間や撮影後の時間に野鳥を観察するしかない。観察することでだんだん鳥たちの行動がわかってくる。「この行動をした後はすぐ飛び立つ」「この行動をしたら警戒をしているので、ここでの撮影はまずい」など、彼らの次の行動がわかれば、今度はその行動の意味もわかってくるので、「撮影をするべきか？ やめるべきか？」を先読みすることもできるのだ。

最近はカメラの性能が進化し、野鳥カメラマンも増えたが、野鳥に対する知識が浅いまま、無意識に迷惑な撮影をしてしまっていることがある。野鳥の生態をよく観察し、理解することで鳥たちの安心した姿を撮影したい。

カンムリカイツブリの求愛のディスプレイは向かい合って首を振り合ったり、水草をくわえて水面で立ち上がったりとダイナミック! さまざまな動きを見せてくれる。

セイタカシギは4〜6月の繁殖期に交尾をよく行うが、この日は1月1日! まさかこんなことが起こるとは思わなかった。何度も交尾行動を見てきた経験から兆しを読み取ることができたので対応できた。

SECTION 11

飛翔を撮る

DATA

焦点距離 1000mm
撮影モード フレキシブルAE　絞り F8
シャッター速度 1/2000秒　ISO 400
WB 太陽光　撮影地 三重県

ノスリはタカの中でも比較的目にしやすい。また、ゆっくりと旋回をしながら飛翔するので撮影もしやすい。青い空に白っぽい身体は良く映えて美しい。

1 ピントはAFに任せてフレーミングに集中

フィルムカメラの時代、特にMFだった頃、鳥の飛翔写真が撮れているだけで「さすがプロ！」と尊敬のまなざしを受けたものだが、今やAFの進化によってずいぶん簡単になり、コツさえつかめば誰でも撮れるようになった。特に最新のミラーレス機であれば、全域AF＋サーボAF＋高速連写で、ファインダーから外しさえしなければ撮れるというほど簡単になった。野鳥撮影を始めたばかりの人は、飛翔写真を撮りたいなら、まずは青空をバックに大きめの鳥をフレーム内に収めるところからチャレンジしてもらえればと思う。

2 具体的にAFはどう使う？

ミラーレス機での撮影に限定されるが、ファインダーの中で広く鳥をとらえる全域系のAFエリアと青空バックの条件なら、カメラがほぼピントを合わせてくれる。また、このときサーボAF（AF-C）にしてあれば、とらえた鳥を追い続けてくれる。さらに、高速連写を使えば失敗することはまずないだろう。ただ、ここで気をつけたいのがレンズ側にある距離計だ。「FULL」を「○○m ～∞」にしていないと、AFが迷った場合、ピントを探しにいく移動量が多くなって「タイムロス」が起きてしまう。いくらプロでも目の前に突然鳥が現れたら、最新のミラーレス機を使っていてもピントを合わせることは不可能に近い。また、飛翔写真を撮るときは、鳥が飛んでくるコース上に鉄塔や山があればあらかじめそこにピントを合わせる「置きピン」も有効だ。ピントを合わせたポイント近くで鳥を発見できれば、ファインダーに入れやすくなる。あとはAFが追いかけるので、ちょうどいい大きさになったら高速連写で撮ればいい。シャッター速度は鳥の飛翔スピードにもよるが、1/2000秒以上が望ましい。

バックの林にあらかじめピントを合わせ、「置きピン」の方法で撮影。タンチョウの白い身体がファインダーの中に入れば、あとはAFでピントを合わせるだけで、こちらに向ってくる姿を追い続ける。

SECTION

12 花と撮る

DATA

焦点距離 1120mm（35mm判換算）
撮影モード フレキシブルAE 絞り F7.1
シャッター速度 1/400秒 ISO 800
WB 太陽光 撮影地 佐賀県

機材を担いで干潟に向かうと、コスモスの花壇の前をカササギが歩いていた！ 大慌てで三脚を広げて連写で狙った。

1 実は難しい花×鳥の写真

30年以上前のことになるが、花と鳥を合わせて撮った写真集が刊行され、大きな話題を呼んだ。そのとき、野鳥写真業界に与えたインパクトはかなり大きかった。実は花と鳥を絡めるのは意外に難しい。なぜなら、鳥にも花にも詳しくないと撮ることができないからだ。また、美しい鳥と美しい花の組み合わせはお互いの美しさを相殺させてしまう危険性もある。しかし、梅や桜に集まるスズメ、ヒヨドリ、メジロなどはとても花に似合うし、東北や北海道の原生花園のヒタキ類やホオジロ類もまた絵になる。

2 花と合わせることで季節感を表現する

日本列島は北から南まで、地域によって季節ごとに咲く花や訪れる鳥はさまざまだ。桜といえば春に咲くイメージだが、沖縄では冬に咲く。どの時期にどの花と鳥を絡めることができるかを知っていないと撮影できない。また、鳥たちが花のもとに来る理由(繁殖or採餌)もそれぞれに違う。

ジョウビタキ×桜
桜の花が咲き乱れていたので、メジロかヒヨドリがいないかなと探していると……北に旅立つ前のジョウビタキが止まってくれた。こういうイレギュラーはうれしい。

ノビタキ×エゾカンゾウ
エゾカンゾウが咲き乱れる原生花園に、毎年ノビタキたちが繁殖に来る。近くでも撮影できるが、あえて望遠で狙ってみると、逆光に輝くエゾカンゾウの黄色の中で点景にしたカットが撮れた。

ヒヨドリ×桜
早咲きの桜が咲くと、メジロ・ヒヨドリ・スズメがやって来る。ヒヨドリは体が大きくて気が強いので、他の鳥たちを蹴散らしてしまうのが困りもの。とはいえ、ピンクの中のヒヨドリはうっすらピンクに染まってかわいい。

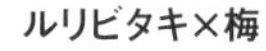

ルリビタキ×梅
ルリビタキが梅の枝に止まってくれれば100点だが、そんなに都合よくはいかない。どうやって梅の花を入れて撮影しようかと思案した末、手前の花を前ボケにして、濃いピンクのアクセントをつけてみた。

SECTION

13 狩りを撮る

DATA

焦点距離 300mm
撮影モード フレキシブルAE 絞り F8
シャッター速度 1/2000秒 ISO 200
WB 太陽光 撮影地 北海道

オオワシは水面に上がってきた魚を捕るため、羽ばたきながらブレーキをかけて、足で魚をキャッチする。急にスピードが落ちるため、かっこよく撮影するのは難しい。

1 狩りの様子をダイナミックに見せる

狩りのシーンに出会うのは意外にも難しい。獲物が出没するタイミングや、狩り場、天候などさまざまな条件に左右されるからだ。また、運よく狩りの瞬間に出会えたとしても、思い描いた画をうまくとらえられるとは限らない。自然界では狙う側も狙われる側もまさに「命がけ」のため、彼らの動きに対応するのが難しいのだ。しかし、魚を食べるミサゴやカワセミなどは、狩り場さえわかっていれば比較的狩りのシーンも狙いやすい。中でも水中への飛び込み、飛び出しなどのダイナミックなシーンは狙いどころだ！

2 鳥の習性を生かして狩りを撮る

狩りの主役はやはり肉食の鳥たちだろう。時には「え⁉」と驚くような狩りのシーンに出会うこともあり、野鳥撮影が楽しくてやめられなくなる。私たちが鳥たちに抱いているイメージは、実は勝手な思い込みであることが多いのかもしれない。

オオタカ
オオタカの幼鳥が池の上でホバリングを始めたので観察していると、水面に上がってきたカモをめがけて水中にダイブ! カモを水没させ窒息させたのだ。その後足で持ち上げ、藪の中に消えていった。

カワセミ
カワセミの飛び込み、飛び出しは人気が高く、私はカワセミマニアには太刀打ちができない。それでも最新のミラーレス機はかなり優秀なため、高確率で狩りの撮影ができるようになった。

カツオドリ
カツオドリは上空から海に飛び込んで魚を捕らえる。そして飛び立つときには飲み込んでしまう。仲間に略奪されるのを避けるためだ。ミサゴもダイビングするが、カツオドリは翼を身体にくっつけてロケットのように海面に突き刺さる。

ササゴイ
サギ類の狩りのタイミングはつかみにくい。フェイントと呼ぶのは彼らに失礼だが、やりそうでやらないことが多い。また成功率も結構低いので、このシーンを狙った場合、撮影枚数と疲れは比例する。

SECTION

14 風景と撮る

DATA

焦点距離 35mm
撮影モード フレキシブルAE　絞り F4
シャッター速度 1/60秒　ISO 1250
WB オート　撮影地 富山県

ライチョウは高山に生息しており、人を恐れない。このときもバックに立山の峰を入れて待っていると、ペアで近くまで来てくれた。

1 アップの写真だけがすべてではない

野鳥は小さく、動きが素早いからできるだけはっきりわかるように撮影したい。可能ならば大きく撮影したいと思うのだが、実際、そんな写真ばかりを撮りたいのはなぜだろうか。それは、ブログやSNSで発信するときに、見栄えのする写真を載せたいだけかもしれない。しかし、せっかく野鳥を撮っているならそれだけではもったいない。何も鳥のどアップ写真が必ずしも良いわけではなく、鳥が小さく写っているからこそ良いという表現もある。これにはレンズの焦点距離の長さは関係ない。季節感や風土が感じられる背景に鳥を配置して撮ってみよう。

2 風景と絡めて季節感や場所を表現する

風景と絡めて撮る野鳥写真は、写真の中に「鳥」がいなくても風景写真として成り立つことが前提だ。そんな写真を撮るには、鳥に目を向けているだけではいけない。花や雪、田の稲の生育状況など、季節感を感じ取れるものに出会うため、周囲の環境を見る目が必要になる。これはつまり自然に対する感性で、野鳥を観察するためのマイフィールドを持つ人には自然と身につきやすい。1年を通して観察していれば、季節ごとの環境や生息する鳥たちの違いもわかってくるからだ。

例えば、花が咲き出した頃の梅園での撮影なら、比較的人を恐れないジョウビタキと花を絡めた風景的な撮影ができるのではないだろうかと想定もできる。季節的にどの鳥がいそうだという予想や、彼らの好む環境がわかれば、より風景と絡めた写真を撮りやすくなるのだ。

夏の終わりから秋口にかけて琵琶湖に注ぐ姉川河口へサギたちが集まる。目当ては落ちアユ。どこからこれほど集まってくるのかと、初めて見たときには本当に驚いた。伊吹山をバックに絡めて撮影。

岩礁で休むエリグロアジサシのペア。陸から近づくとすぐに飛んでいってしまうが、海の中からだとかなり近寄れるので、体を海面の下に沈めて近づいた。カメラを水中ハウジングに入れて撮影している。

SECTION

15 群れを撮る

DATA

焦点距離 800mm（35mm判換算）
撮影モード フレキシブルAE 絞り F7.1
シャッター速度 1/4000秒 ISO 640
WB 太陽光 撮影地 佐賀県

ハマシギの群れを撮影。群れの飛翔シーンを撮るなら、カメラの設定はゾーンAF＋サーボAF＋AF特性「敏感」に。ゾーンAFのエリアは中央にしておこう。

1 群れを作る野鳥を撮る

鳥の中には群れを作る種類がおり、群れが大きくなればなるほど迫力がある。ただ、これを撮ろうとすると、まずどこにピントを合わせればいいのかわからないと感じるだろう。止まっている場合は、ボケをどう生かすかも悩みどころだ。飛翔中の群れなら、測距エリアを全域にするとピントが端に行ってしまう危険性があるので、中央にしてAF特性*を「敏感」にしておくといい。なぜなら、群れの飛翔では、画面中央にピントがきていると、全体的にピントが合っているように感じられるからだ。

*キヤノンは被写体追従特性、ニコンはAFロックオン、ソニーはAF被写体追従感度。

2 野鳥が群れを作る時期を知る

群れを作る種類の鳥でも、年中群れの中で生活しているとは限らない。例えば、通常群れを作らないタカだが、渡りのシーズンには風がよいときに移動するため群れになる。越冬や渡り途中では、シギやチドリ、カモなどは群れになっているイメージがあると思う。また、コアジサシやカワウなど繁殖時になるとコロニーを作る種類もいる。鳥の種類や特性を知っておけば、群れを撮影するタイミングをつかむことができる。

カモの群れを縦位置で狙う。ピントは中央やや前方の雄に合わせた。奥行きを出したかったのと、雪が降っている情景を撮りたかったからだ。

イスカの群れはいつ飛び立ってしまうかわからないので、中央の松のこずえに止まる雄に全域AF＋瞳AF＋サーボAFでピントを合わせたまま構図を整えて連写で撮影した。

SECTION 16

トリミングで後から構図を整える

DATA

焦点距離 1600mm（35mm判換算）
撮影モード フレキシブルAE 絞り F8
シャッター速度 1/2000秒 ISO 500
WB 太陽光 撮影地 愛知県

飛翔するオオアジサシを追いながら連写していると、杭に止まるウミネコにちょっかいを出した。突然の出来事で構図を整えられなかったので、トリミングで調整。

1 鳥を思い通りの位置に写すことは難しい

小鳥の動きは素早いし、とてもトリッキーな動きをすることもある。そのため、ピントや露出はカメラ任せでいいとしても、狙った鳥を思い通りの位置に写し込むことは非常に難しい。これは、高速連写で撮影していても同様である。また、シャッターボタンを押してからシャッターが切れるまでにタイムラグがあることも原因の１つ。とはいえ、タイムラグが少ないカメラでプロが撮ったとしても、やはり鳥を思い通りに写すのは難しいだろう。その解決方法の１つがトリミングだ。撮影した後に不必要な部分をカットして、欲しい部分だけを残すのだ。

2 撮影時はシャッターチャンスを優先する

トリミングにはもちろんデメリットもある。トリミングは不要な部分をカットすることなので、トリミング後の写真は画素数(ピクセル数)が減る。最新のカメラは元々の画素数が多いので多少のトリミングには耐えられるが、大きくプリントする場合には画質が低下するので注意が必要だ。しかし、画素数の問題はあるにしても、せっかく素晴らしいカットが撮れているなら、被写体の位置の悪さはトリミングで救った方がいい。また、ある程度のトリミングは仕方がないものとして、シャッターチャンスを優先して撮影してほしい。このとき、必ず高速連写をしておき、後から気に入ったカットを選べるようにしておこう。ただし、トリミングを前提にいい加減な撮影をしていると、なかなか上達できないので、あくまでもトリミングは最後の「お化粧」と考えた方がいい。

タカの渡りを撮影中、オオタカの幼鳥が2羽で喧嘩を始めた。繁殖地の巣の近くなら兄弟で遊んでいると思うが、移動途中だとわからない。激しい動きをフレームの端の方でとらえられたが、小さくなってしまったのでトリミングで調整した。

COLUMN

逆光によるシルエット撮影

シルエットという言葉をよく使うが、本来はフランス語で輪郭の中が塗りつぶされた単色の画像のこと。野鳥写真では朝夕の光の中で逆光によって鳥が黒つぶれした状態を指して言うことが多いと思う。したがって鳥のきれいな羽根の色は表現できないが、その分、体の形や翼のラインの美しさなどを強調して見せることができる。また、非日常的な雰囲気を出したりドラマチックな表現にも生かせるので、チャンスがあればぜひチャレンジしてほしい。

10月中旬頃になると、愛知県伊良湖先はヒヨドリの渡りがピークになる。海に出たり戻ったりを繰り返し、群れが大きくなると旅立ってゆく。戻るルート上に薄雲がかかっていたので思いっきりアンダーにすると、彩雲のように撮ることができた。

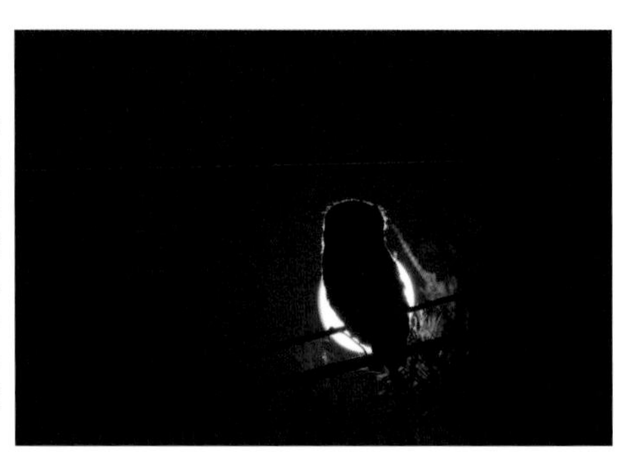

夜、電線に止まるリュウキュウコノハズクを見つけた。横を見ると月が出ていたので、雰囲気を出すために月の中に入れて、ライトを消してシルエットで狙ってみた。WBは太陽光で青味を出している。

CHAPTER 5

野鳥別
ピンポイント撮影ガイド

SECTION

01 オオタカを撮る

DATA

焦点距離 1000mm
撮影モード マニュアル露出　絞り F8
シャッター速度 1/2000秒　ISO 800
WB 太陽光　撮影地 愛知県

秋、渡りのポイントで待っていると飛翔する姿を狙うことができる。好奇心の強い幼鳥は、撮影のために集まった人を見ながら飛ぶ。

餌となる鳥類が多い場所で探す

東京近辺ではカラスやドバトを餌として公園で繁殖をするようになり、地方の田園地帯よりも撮影しやすい存在になっているが、それ以外の地域では基本的に警戒心が強く、撮影は難しい。一般的には冬場に餌となるカモ類が集まる池や干拓地、河川敷などで出会えることが多い。獲物を狙って木に隠れている姿を見つけたら、ゆっくりと車で近づくか、あらかじめブラインドに隠れて狙うといい。オオタカはスタイリッシュで精悍な顔つきが魅力的なので、アップが狙えれば撮りたい。飛翔姿も美しく、青空バックはよく映えるので外せない。

オオタカが川沿いの木に止まって休息していた。アップで撮影すると目立って見えるが、木の枝に隠れていると遠目では目立たない。

DATA

焦点距離 1120mm（35mm判換算） 撮影モード フレキシブルAE 絞り F5.6
シャッター速度 1/3200秒 ISO 400 WB 太陽光 撮影地 愛知県

オオバンを捕らえてソーラーパネルの上で調理を始めた成鳥のメス。時々ノスリに横取りされるため、警戒している。

DATA

焦点距離 1120mm 撮影モード フレキシブルAE 絞り F5.6
シャッター速度 1/2000秒 ISO 1250 WB オート 撮影地 三重県

撮影月・場所ガイド

撮影難易度 ★★★★☆

【撮影月】繁殖地では1年中。秋の渡りは10月～11月。冬期。

【撮影場所】渡りシーズンは愛知県伊良湖岬。冬期は東京港野鳥公園など。

【生態の特徴】最近は都市部に進出する個体も増えている。主な餌は鳥類なので冬期はカモ類などが集まる河川敷や湖沼、干潟で出会いやすい。

【注意点】巣がわかっていても不用意に近づいて撮影するのは控える。特に抱卵期に巣に近づいたり、大人数で取り囲むと巣を放棄する危険性が高い。

SECTION

02 ミサゴを撮る

DATA

焦点距離 1000mm
撮影モード 絞り優先AE 絞り F11
シャッター速度 1/2000秒 ISO 400
WB 太陽光 撮影地 鹿児島県

ダツかサヨリを捕らえて木の上で食べている。初めは緊張していたが、食べ始めると夢中になってこちらのことを忘れているようだった。

ホバリングと水中ダイブを狙う

日本で見られるタカの中では白と黒の身体が目立つ、翼の長い美しい種類のタカだ。魚を食べるので、空中で停止飛行（ホバリング）しながら水中へダイブする姿がダイナミックで、見る人を魅了する。河川、河口、水路、海など魚のいる場所で見られるので、まずそれらの場所で探すことが第一歩。車内や外に出ていてもじっとしていると採餌をしながらどんどん近くに来ることがあるので、飛翔やホバリングを撮れる確率も高い。運が良ければ何度も水面に飛び込むので、魚を掴んで水面から飛び上がるダイナミックな姿を撮影したい。

急降下して足を伸ばし、魚を狙う瞬間を撮影。スピードが速く、超望遠で狙うのはなかなか難しいので、高速シャッター&高速連写でチャレンジしよう。

DATA

焦点距離 1040mm（35mm判換算）　撮影モード マニュアル露出　絞り F5.6
シャッター速度 1/1250秒　ISO 800　WB オート　撮影地 京都府

水面を覗きこんでホバリングをしている。同じ場所に停まるように飛翔をするので、撮影は意外と簡単だ。

DATA

焦点距離 1000mm　撮影モード フレキシブルAE　絞り F8
シャッター速度 1/2500秒　ISO 640　WB 太陽光　撮影地 愛知県

撮影月・場所ガイド

撮影難易度 ★★

【撮影月】1年中

【撮影場所】海岸・河川（河口から中流域）・湖沼。

【生態の特徴】魚を餌にしているので水辺に依存。山間部でも大きなダム湖などがあれば見られる。空中に停まるように飛翔して魚を狙い、急降下して捕らえる。飛翔中はアオサギと間違えやすい。

【注意点】水辺での撮影が主になるため、崖や堤防などで撮影する際は足場に気をつける。滑落や転倒には細心の注意が必要。

SECTION

03 カモ類を撮る

DATA

焦点距離 640mm（35mm判換算）
撮影モード マニュアル露出　絞り F5.6
シャッター速度 1/2500秒　ISO 400
WB 太陽光　撮影地 滋賀県

カモは水浴びをよく行う。比較的長時間していることが多いので、水浴びを始めてからも余裕をもって撮影できる。逆光または低い位置から狙えば、水滴を輝かせることができる。

美しい雄と躍動感を写す

本州ではカルガモをのぞいては、ほぼ冬鳥と言っていい。雄は冬にきれいな婚姻色に衣替えするので、その美しい姿はぜひとも撮りたい。身近な公園の池などでよく見られるので、ビギナー向けに野鳥撮影のおすすめとして紹介されることも多い。ただし、それ以外の場所では非常に警戒心が強く意外と撮影は難しい。彼らはよく水浴びをするので、水しぶきを上げるシーンや、その後に身体についた余計な水滴を飛ばすため身体を立てて翼を羽ばたかせる姿を連写で撮影すると、躍動感のある写真が撮れる。

カモと言えば頭に浮かぶのはマガモだろう。青首と呼ばれるメタリックグリーンの美しさは順光の低い光が一番きれいに見える。光の位置でこれを表現できないときは悔しい。

DATA

焦点距離 500mm　撮影モード フレキシブルAE　絞り F7.1
シャッター速度 1/2000秒　ISO 320　WB 太陽光　撮影地 愛知県

水浴びをした後や潜水をした後に、身体についた余分な水をはじくために翼を羽ばたかせる行動をする。このときはオシドリが水中から浮上したところを狙った。

DATA

焦点距離 700mm　撮影モード フレキシブルAE　絞り F10
シャッター速度 1/2000秒　ISO 640　WB 太陽光　撮影地 愛知県

撮影月・場所ガイド

撮影難易度 ★☆☆☆☆

【撮影月】11～3月

【撮影場所】公園の池など。

【生態の特徴】猛禽類の餌となるだけでなく、狩猟対象種も多く、非常に警戒心が強い。基本は夜行性なので昼はほとんどが休息している。

【注意点】餌付けが禁止されている場所では、餌を与えながらの撮影はしない。

SECTION

04 オオハクチョウを撮る

DATA

焦点距離 1120mm（35mm判換算）
撮影モード 絞り優先AE 絞り F5.6
シャッター速度 1/320秒 ISO 200
WB 太陽光 撮影地 北海道

ペアは仲が良く、寄り添っていることが多い。朝陽や夕陽の照り返しの中で、向かい合い、♡の形になることもあり、それを狙うカメラマンも多い。

仲睦まじい姿を撮影したい

大型で純白な身体をしたハクチョウの姿に魅力を感じる人は多いだろう。越冬地では保護対象になっている場所も多いので、近くでの撮影は比較的しやすいはずだ。ハクチョウの家族仲はとても良く、ペアや家族で一緒に過ごしている姿はぜひとも撮影したい。また、どアップで羽繕いや休息する姿を狙うことで、美しいフォルムを切り撮ることもできる。よく観察していると、首を上下させて鳴き出すことに気がつくはずだ。これは飛ぶ前のサインなので、大きく翼を広げて飛び立つシーンを連写で狙いたい。

DATA

焦点距離 433mm（35mm判換算）
撮影モード 絞り優先AE　絞り F8
シャッター速度 1/640秒　ISO 100
WB 太陽光　撮影地 北海道

給餌ができる場所では人が近くにいても逃げないのでフォルムを生かした撮影をしたい。スクエアのフレームでもおしゃれな撮影ができる。

首を伸び縮みさせながら鳴き出したので、「飛びそうだ」と思いスタンバイ。走り出したのでフレームからはみ出さないように高速連写で追いながら撮影した。

DATA

焦点距離 500mm　撮影モード 絞り優先AE　絞り F5.6
シャッター速度 1/1600秒　ISO 400　WB 曇り　撮影地 北海道

撮影月・場所ガイド

撮影難易度 ★

【撮影月】11～3月

【撮影場所】北海道屈斜路湖や宮城県伊豆沼など。

【生態の特徴】オオハクチョウは全長大体150cmくらいで、翼を広げると240cmととても大きい。身体の色は純白で黄色い大きなくちばしが特徴。よく似たコハクチョウは一回り小さく、くちばしの黄色の部分も小さい。

【注意点】餌付けされている場所が多いが、禁止されている場所では餌付けしない。飛び立つシーンを撮りたいからといって、驚かせたりしない。

SECTION 05

タンチョウを撮る

DATA

焦点距離 800mm（35mm判換算）
撮影モード フレキシブルAE　絞り F9
シャッター速度 1/800秒　ISO 1000
WB 太陽光　撮影地 北海道

早朝の雪裡川でねぐらをとるタンチョウの群れ。氷点下10〜15度くらいに冷え込むと朝陽に輝く霧氷と合わせて撮れるが、非常に寒く、運に左右される。

優雅なダンスは2月以降がチャンス

日本の国鳥だと思っている人も多いが、国鳥は「キジ」。しかし、華麗で美しいタンチョウはそれだけ日本人に親しまれているから間違われるのも仕方がないだろう。北海道東部に多くが生息していて1年中見られるが、撮影には冬期がいい。給餌されている場所に行けば簡単に出会うことができるからだ。ペアが求愛行動であるダンスをするシーンは2月中旬から3月中旬に撮影チャンスが増える。飛翔コースは大体決まっているので、そこで待てば青空と絡めた撮影ができる。早朝のねぐらの撮影は非常に寒いがドラマチックなのでこちらも外せない。

青空バックで飛翔するタンチョウは、風向きと飛翔ルートを理解していればさほど難しい撮影ではない。

DATA

焦点距離 188mm（35mm判換算） 撮影モード マニュアル露出 絞り F14
シャッター速度 1/3200秒 ISO 640 WB 太陽光 撮影地 北海道

給餌場でダンスシーンを撮影しようとすると、周囲のタンチョウが邪魔になることが多い。少し遠くても離れたペアを狙うといい。

DATA

焦点距離 400mm 撮影モード マニュアル露出 絞り F8
シャッター速度 1/2500秒 ISO 320 WB 太陽光 撮影地 北海道

撮影月・場所ガイド

撮影難易度 ★

【撮影月】1年中。給餌場では12月下旬～3月中旬。

【撮影場所】北海道釧路市・鶴居村など。

【生態の特徴】夏場の繁殖期は広い湿原で生活するので撮影は難しい。冬場の日中は給餌場で採餌と休息をする。夜は流れのある河川の中でねぐらをとる。

【注意点】ねぐらや給餌場では撮影できる場所が決まっているので、そこから出て撮影してはいけない。非常に寒いので防寒に備える。

SECTION

06 カワセミを撮る

DATA

焦点距離 500mm
撮影モード フレキシブルAE 絞り F7.1
シャッター速度 1/4000秒 ISO 1250
WB 太陽光 撮影地 愛知県

冬の午前中の光はやわらかく、カワセミの身体を美しく目立たせてくれる。この美しい姿に魅了され、野鳥撮影にはまる人は多い。

背中のコバルトブルーを取り入れたい

カワセミから野鳥撮影を始める人は多いと思う。カワセミの美しい身体の色だが、構造色というもので、光の角度や色温度によって違って見える。朝・夕の光ではきれいなエメラルドグリーンに見えることが多く、昼近くや逆光では黒っぽく見える。順光や曇りの日に撮影すれば、大体「青いカワセミ」に撮れるはず。背中のコバルトブルーは常に美しいので画面にはぜひ取り入れたい。カワセミの魅力は水中にダイビングして魚を捕るところ。機材の進化で撮れる確率は上がっているはずなので、ぜひ挑戦してほしい。

春はカワセミたちの恋の季節。枝に止まるカワセミを撮影しているともう1羽が現れて求愛給餌をしてくれた。

DATA

焦点距離 700mm 撮影モード フレキシブルAE 絞り F6.3
シャッター速度 1/1250秒 ISO 4000 WB オート 撮影地 静岡県

最新のミラーレス機は高感度ノイズにも強いし、AF性能も大幅に向上しているので、難易度は下がった。飛び込み&飛び出しは1/4000秒以上が必要になる。

DATA

焦点距離 800mm（35mm判換算） 撮影モード 絞り優先AE 絞り F10
シャッター速度 1/4000秒 ISO 2000 WB 太陽光 撮影地 愛知県

撮影月・場所ガイド

撮影難易度 ★★

【撮影月】1年中。北海道では冬期はまれ。

【撮影場所】小魚が生息する場所。池・川・水路など。

【生態の特徴】小魚が生息する川や池ならほとんど見ることができる。長く鋭いくちばしとずんぐりした身体、赤く短い足が特徴。雄はくちばしが黒く、雌は下くちばしが赤い。

【注意点】人馴れしていない場所では非常に警戒心が強いので、よく観察することが重要。ブラインドや車内からだと撮影しやすい。

SECTION 07

メジロを撮る

DATA

焦点距離 248mm
撮影モード マニュアル露出 絞り F5.6
シャッター速度 1/1250秒 ISO 400
WB 太陽光 撮影地 愛知県

まだ寒いが、2月半ばになると梅の花が咲き出すので、梅林に集まるメジロを撮るのが楽しみだ。動きがせわしないので撮影は忙しい。

春、梅や桜の花と一緒に撮る

メジロはかわいい小鳥として人気が高い。とりわけ「黄緑の身体に目の周りの白い縁取り」というコントラストがチャームポイントとして目立つ。ただし、よく見ると虹彩(目の色)が茶色なので、顔のどアップを撮ってしまうと光の当たり具合ではとてもきつい顔に見える。メジロは群れでいることが多く、「チィーチィー」と鳴きながらちょこまかと動く。声を頼りに見つけたらひたすら動きに合わせて連写で撮影しよう。時々動きを止めたときがチャンス。構図を変えて撮影できる。花の蜜が好物なので、春は梅・桜・椿の花が咲いたら探すといい。

「チィーチィー」と鳴きながら群れで移動するときは見つけやすいが、単体でいると葉陰で見つけられないことも。このときは長い間同じ場所でさえずってくれたので撮影できた。

DATA

焦点距離 500mm　撮影モード マニュアル露出　絞り F8
シャッター速度 1/2500秒　ISO 2000　WB 太陽光　撮影地 愛知県

五分咲きの桜を狙いメジロを探した。満開になるとメジロが花に埋もれてしまうのだ。忙しく動く彼らをひたすら追いかけて撮影した。

DATA

焦点距離 700mm　撮影モード マニュアル露出　絞り F5.6
シャッター速度 1/1600秒　ISO 400　WB 太陽光　撮影地 愛知県

撮影月・場所ガイド

撮影難易度 ★★☆☆☆

【撮影月】1年中。北海道では夏鳥。

【撮影場所】山地から市街地まで。

【生態の特徴】スズメよりも小さな小鳥で山地から市街地まで広く生息している。黄緑色の身体と白いアイリングが特徴。「チィーチィー」と鳴きながら群れでいることが多く、雑食だが花の蜜が好物。

【注意点】小さくてすばしっこいため、構図を重視した撮影は難しい。

SECTION 08

オオルリを撮る

DATA

焦点距離 700mm
撮影モード マニュアル露出　絞り F5.6
シャッター速度 1/320秒　ISO 400
WB 太陽光　撮影地 石川県

石川県内の公園には、渡り途中に立ち寄る鳥たちを撮影できる場所がある。疲れているせいか、動きがゆっくりしていて目線の高さで陽の光を浴びる姿が撮れた。

美しい青い色を表現する

夏鳥として渓流沿いのよく茂った森林に飛来し、「ピールリピールリ、ジィジィ」と美しい声でさえずるオオルリ。日本三名鳥の1つに数えられる(ほかはウグイス、コマドリ)。雄は名前の通り、美しい青色の身体をしていることで人気が高い。さえずるときは木のこずえなど高い場所が多く、見上げる姿勢になることが多い。そのため、林道などで探すと目線の高さでさえずる姿を撮影できることがある。構造色ではないが、直射日光が当たるとテカってしまい色が出ないことがあるので、高曇りや曇りの光がいい。光の角度が良いときはメタリックブルーになる。

ハヤブサの営巣を撮影していると、すぐ近くでオオルリの雄がさえずりだした。同じ崖に営巣をしているのだろう。近いのでアップになってしまった。

DATA

焦点距離 800mm（35mm判換算） 撮影モード フレキシブルAE 絞り F7.1
シャッター速度 1/500秒 ISO 2500 WB オート 撮影地 愛知県

大きな杉のこずえでさえずるオオルリの雄。これぞオオルリ! というカットだが、光、角度、止まる位置と難しい。

DATA

焦点距離 1000mm 撮影モード フレキシブルAE 絞り F8
シャッター速度 1/640秒 ISO 400 WB オート 撮影地 愛知県

撮影月・場所ガイド

撮影難易度 ★★★

【撮影月】4月下旬～6月上旬

【撮影場所】低山から亜高山帯。渓流のあるよく茂った森林。

【生態の特徴】木の梢など高いところで、よく通る「ピールリピールリ、ジィジィ」と美しい声でさえずるのでわかりやすい。

【注意点】声を頼りに林道沿いで探すときは、崖がそばにある場合が多いので、くれぐれも転落しないように注意する。

SECTION 09

キビタキを撮る

DATA

焦点距離 700mm
撮影モード フレキシブルAE　絞り F5.6
シャッター速度 1/400秒　ISO 1250
WB オート　撮影地 長野県

渡り途中や渡ってきたばかりのときは、疲れていることもあって比較的ゆっくりしていることが多い。ゆっくり近づき、どアップで写すことができた。

美しい姿を木の中間層で探す

夏鳥として山地の明るい雑木林に飛来する。「ピッコロロ、ピッコロロ」と美しい声でさえずるが、このさえずりにはたくさんのレパートリーがあるので注意が必要。雄は頭部から背面にかけて黒く、眉斑と腹部、腰は黄色。成長の雄は特に喉が鮮やかな橙黄色で、この身体の色を一度でも見ると忘れることがないほどのインパクトがある。木の中間層にいることが多く、枝先でさえずることがあるので葉が茂る前が撮影しやすい。秋は渡る前にアカメガシワなどの木の実を食べに他のヒタキ類と一緒に集まることが多い。

さえずりに夢中なキビタキの雄。採餌中は忙しく動き回り撮影に苦労するが、気分よくさえずりだすと撮影しやすい。口を開いている瞬間を狙った。

DATA

焦点距離 700mm　撮影モード フレキシブルAE　絞り F5.6
シャッター速度 1/200秒　ISO 400　WB オート　撮影地 長野県

繁殖期は昆虫をフライキャッチでよく捕らえるが、秋は虫が少なくなるので木の実を食べることが多く、このときはツルマサキの実を食べていた。

DATA

焦点距離 599mm　撮影モード フレキシブルAE　絞り F9
シャッター速度 1/640秒　ISO 4000　WB オート　撮影地 長野県

撮影月・場所ガイド

撮影難易度 ★★☆☆☆

【撮影月】4月下旬〜6月上旬、9月下旬〜10月中旬

【撮影場所】低山から市街地近くの雑木林。

【生態の特徴】明るい雑木林の木の中間層にいることが多い。雄は黒い身体に、喉から腹にかけて黄色が小さな身体ながら目立つ。さえずりは美しく、「ピッコロロ」と鳴く。

【注意点】里山の雑木林で撮影する場合は、道路からむやみに出て撮影したり、間違っても畑に入ったりしてはならない。

SECTION

10 ルリビタキを撮る

DATA

焦点距離 640mm（35mm判換算）
撮影モード フレキシブルAE
絞り F8
シャッター速度 1/400秒
ISO 1600 WB オート
撮影地 愛知県

ルリビタキが残ったハゼの実を食べに来た! カラ類やメジロを狙っていたのにまさかの出会いに大興奮で撮影をすることができた。

人を恐れないが暗い場所が好き

繁殖は本州の高地や北海道だが、冬鳥として本州では平地の公園や市街地の茂みに来る。人に対しての警戒心が薄い個体が多く、撮影は比較的難しくはない。きれいでかわいいことから「幸せの青い鳥」としてカメラマンにはとても人気が高い。しかし、暗い場所を好むので撮影条件は厳しく、ISO感度を上げて速いシャッター速度を確保したい。山梨県の富士山5合目にある奥庭荘の水場では、とても撮影がしやすいのでおすすめだ。ただし、山小屋・食事処として営業をされていて、ご厚意で撮影ができるので最低限、食事やお土産の購入などはしていただきたい。

富士山五合目、奥庭荘の水場は鳥たちで大賑わい。ここではルリビタキも常連で人がいてもさほど気にしないので撮影がしやすい。

DATA

焦点距離 800mm（35mm判換算） 撮影モード 絞り優先AE 絞り F5.6
シャッター速度 1/320秒 ISO 800 WB オート 撮影地 山梨県

明るい場所へはなかなか出てきてくれないが、時々開けた場所まで餌を探しに出てくれる。そのわずかなチャンスを狙った。バックのごちゃごちゃはご愛嬌ということで。

DATA

焦点距離 700mm 撮影モード フレキシブルAE 絞り F10
シャッター速度 1/500秒 ISO 4000 WB オート 撮影地 愛知県

撮影月・場所ガイド

撮影難易度 ★★

【撮影月】6～9月。12～3月。

【撮影場所】繁殖期の夏は北海道の森林帯、本州は亜高山帯。冬は市街地にも渡ってくる。

【生態の特徴】本州では冬鳥として市街地の公園でも越冬する。暗い場所を好み、採餌以外は木の枝などで休んでいる。

【注意点】人を恐れない個体が多く、超望遠レンズだと自分が下がらないと撮れないことがある。

SECTION

11 ヤマセミを撮る

DATA

焦点距離 1000mm
撮影モード 絞り優先AE 絞り F8
シャッター速度 1/640秒 ISO 3200
WB オート 撮影地 福井県

対岸の紅葉するウルシの葉の中で佇むヤマセミを見つけた。近づくと奥にもう1羽がいることに気がついた。ペア止まりだ! 1000mmで何とか撮影できてうれしかった。

用心深い渓流の貴公子

日本で見られるカワセミの仲間では最大級の全長約38cm。基本的には山間部の河川に生息し、「キャラッ、キャラッ」という独特で大きな声が特徴。その声で存在を知ることもあるが、こちらが探す間に飛び去って逃げられることがほとんど。道路沿いの遠い場所に姿を見つけて車を停めただけでも逃げられてしまう。非常に警戒心の強い鳥だ。しかし、ブラインドを使えば意外にも撮影は難しくなく、水面ダイブや飛翔も身体が大きな分撮りやすい。とはいえ、出会えること自体が難しい鳥なので難易度は非常に高い。

ヤマセミが川に飛び込み、魚をくわえて飛び出した! 超高速連写で追い続けた中での1枚だが、機材の進化で不可能だった撮影の敷居が低くなった。

DATA

焦点距離 1000mm　撮影モード マニュアル露出　絞り F8
シャッター速度 1/3200秒　ISO 800　WB 太陽光　撮影地 熊本県

ブラインドの中からオシドリの撮影をしていると、「キャラッキャラッ」と大きな声がした。目の前の倒れた竹に止まってリラックスしている姿を、ブラインドの中から撮ることができた。

DATA

焦点距離 1000mm　撮影モード マニュアル露出　絞り F11
シャッター速度 1/1250秒　ISO 1000　WB オート　撮影地 愛知県

撮影月・場所ガイド

撮影難易度 ★★★★★

【撮影月】1年中

【撮影場所】山間部の河川(中流～上流)・湖沼・ダム湖など。

【生態の特徴】身近な存在ではない。車が近づくだけでも逃げるほど警戒心が非常に強い。「キャラッ、キャラッ」とよく通る声で鳴くので声を頼りに探すといい。

【注意点】撮影のために巣のある崖にノーブラインドで待つことは厳禁。撮影したいと追いかけまわすのも厳禁だ。

SECTION

12 カイツブリを撮る

DATA

焦点距離 1600mm（35mm判換算）
撮影モード フレキシブルAE　絞り F8
シャッター速度 1/1000秒　ISO 400
WB 太陽光　撮影地 愛知県

親鳥の背中に乗ったひな。時々親鳥の翼の中から顔を出す姿がかわいい。

ほほえましい親子の姿を撮りたい

カイツブリは日本全国の池や沼で繁殖するので、出会いやすい水鳥だ。繁殖期も春から秋先までと長い。「ケレレレレッ」という甲高い鳴き声を頼りに、身近な自宅近くの公園の池などを探していると出会えるかもしれない。カモ類よりも小さな丸い姿で、採餌するたびに水面に潜ったり浮いたりするので他の水鳥と見分けもつきやすいと思う。浮巣と呼ばれる巣を水草の上や水面に張り出した枝の上に作り子育てをする。ひなが小さなうちは背中に乗せたり、ひなを連れて泳ぐかわいい姿を撮ることができる。

抱卵をしている雌を狙っていると雄が泳いできた。あっという間に巣に上がり雌の上に乗った。交尾ではなく愛情確認の行動だったようだ。

DATA

焦点距離 420mm（35mm判換算） 撮影モード 絞り優先AE 絞り F8
シャッター速度 1/1000秒 ISO 800 WB 太陽光 撮影地 愛知県

ペアで仲良くひなの面倒を見ている。両親揃って餌を探しに行っている間は兄弟で仲良く泳いだり、巣の上で休んでいた。

DATA

焦点距離 700mm 撮影モード フレキシブルAE 絞り F10
シャッター速度 1/500秒 ISO 400 WB 太陽光 撮影地 愛知県

撮影月・場所ガイド

撮影難易度 ★

【撮影月】1年中

【撮影場所】河川・溜池・湖沼。

【生態の特徴】水面に浮かび、採餌は水中に潜る。魚以外にもヤゴなど昆虫類、ゴカイなども食べる。ほとんど飛ぶ姿は見ることはなく、水面を羽ばたきながら走ることがある。

【注意点】場所によっては抱卵中の巣にかなり近寄れることもあるが、必ずこちらを警戒しない距離を取ること。巣に戻れず卵に影響が出てしまう。

SECTION 13

サギ類を撮る

DATA

焦点距離 1280mm（35mm判換算）
撮影モード フレキシブルAE　絞り F11
シャッター速度 1/2500秒　ISO 1250
WB 太陽光　撮影地 愛知県

夏鳥のササゴイは鳥の少ない真夏の人気者。ひなに餌を運ぶために何度も魚を捕るので、チャンスが多い。美しいオイカワを捕るシーンを撮りたいと、暑い中でもカメラマンが集まる。

魚を捕らえる早業を撮る

サギ類は種類も多いが、比較的身近に生息しており撮影しやすい鳥だろう。ただし、警戒心が強いので不用意に近づくと逃げられてしまう。人に慣れている個体がいる場所で魚を捕るシーンを狙いたい。魚を捕るときは首を伸ばすことが多く、目にも止まらぬスピードで水中にくちばしを突き刺し、魚を捕らえる。したがって、ひたすらチャレンジするか、「プリ連写機能」を使うのが有効だろう。プリ連写機能を使えば、サギが魚を捕らえてからシャッターボタンを押し切るまでのタイムラグの問題が解決できる。

夏の終わりから秋にかけて、琵琶湖に流れ込む姉川に落ちアユを狙うサギの群れが集まる。この日は堰の上にダイサギが並んでアユを捕っていた。3羽揃ってくわえるシーンを狙った。

DATA

焦点距離 800mm（35mm判換算） 撮影モード フレキシブルAE 絞り F7.1
シャッター速度 1/2000秒 ISO 1000 WB オート 撮影地 滋賀県

コサギが公園の池で脚を震わせ小魚やザリガニなどを追い出していた。結局獲物は捕らえられなかったが、水しぶきで彼の真剣さを表現できたかな?

DATA

焦点距離 700mm 撮影モード フレキシブルAE 絞り F5.6
シャッター速度 1/1000秒 ISO 400 WB 太陽光 撮影地 愛知県

撮影月・場所ガイド

撮影難易度 ★

【撮影月】1年中

【撮影場所】河川・海岸・湖沼など。

【生態の特徴】魚やエビだけでなく、ネズミ、ときには小鳥を捕まえて食べることも。餌を狙うときはじっとしているので、撮影はしやすい。

【注意点】ダイサギなどの純白の身体を持つサギ類は、背景によってはオート露出では失敗しやすい。テストをして露出を決定すると良い。マニュアル露出が有利な場合が多い。

SECTION

14 アカゲラを撮る

DATA

焦点距離 800mm（35mm判換算）
撮影モード フレキシブルAE　絞り F7.1
シャッター速度 1/160秒　ISO 400
WB オート　撮影地 北海道

採餌をしながら木の幹を登る姿を撮っていると、枯れた枝のところで動きを止めて羽繕いを始めてくれた。後頭部の赤い部分が見える瞬間を待って撮影した。

木の幹の採餌シーンを狙う

キツツキの仲間でも、身近さを考えればアカゲラは断トツだろう。木の幹に止まり、とぼけた顔と白、黒、赤の三色の絶妙な配色は人気が高い理由だと思う。しかし、簡単そうに見えて木の幹を登りながら反対側へ移動されたときの悔しさを味わったことがある人も多いはずだ。それだけに雄の後頭部の赤いワンポイントを撮れたときの喜びは大きい。見通しが効かない森では、目よりも耳で存在を感じられる。「キョッキョッキョッ」というさえずりは森の中で良く響き渡る。木の幹にひそむ虫を採餌するために木をつつく音や、ドラミングの音を頼りに探してもいい。

樹の下の方に止まって採餌をしながら上の方へ移動することが多い。そのため、どうしても見上げる姿勢になることが多い。このときも目線より少し上にきたところを狙った。

DATA

焦点距離 800mm（35mm判換算） 撮影モード フレキシブルAE 絞り F7.1
シャッター速度 1/250秒 ISO 1250 WB オート 撮影地 北海道

冬、バードテーブルにはキツツキの仲間もやって来る。ヤマゲラ、オオアカゲラも来るが、やはりアカゲラが一番多い感じがする。積雪地のアカゲラは雪の反射のレフ版効果でより美しく見えるのでついつい撮りすぎてしまう。

DATA

焦点距離 363mm 撮影モード フレキシブルAE 絞り F7.1
シャッター速度 1/1600秒 ISO 800 WB オート 撮影地 北海道

撮影月・場所ガイド

撮影難易度 

【撮影月】1年中

【撮影場所】北海道から本州、四国。

【生態の特徴】木の幹に止まって採餌するが、時々地面で採餌したり木の実を食べたりする。

【注意点】時々低い位置に巣穴を掘ることがあるが、必要以上に近づいて撮影しない。

SECTION

15 ベニマシコを撮る

DATA

焦点距離 800mm（35mm判換算）
撮影モード フレキシブルAE　絞り F4
シャッター速度 1/1000秒　ISO 400
WB オート　撮影地 北海道

左に止まっている雄を撮っていると右の枝にきれいな雄がもう1羽止まった! 一瞬パニックになったが、フレームを変えて何とか2羽を入れて撮ることができた。

夏の鮮やかな赤、冬の渋い赤、どちらも狙いたい

夏鳥として北海道や青森県北部で繁殖。雌雄ともに丸っこい身体に長い尾が特徴で、雌は地味だが通年胡桃色でかわいい。それに比べ夏、繁殖期の雄は鮮やかな赤色になる。一度見れば忘れられない美しさだ。この姿を撮影したいなら夏の北海道の草原に行くといい。数は多いので、見つけることができれば撮影自体はそれほど難しくない。冬は越冬のため本州の河川敷などで見られる。この時期は草の実を食べるので「ピポッ、フィーフィー」という声を頼りに草むらを探すといい。雄は夏とは違った渋い赤色になるのでこれもまた魅力的だ。

冬は草の種などを食べるので枯草の茂った河川敷などでよく見かける。群れでいることも多く、「ピポピポ」という声が聞かれたら静かに待っていると目の前に来ることがある。

DATA

焦点距離 1120mm（35mm判換算） 撮影モード マニュアル露出 絞り F5.6
シャッター速度 1/400秒 ISO 640 WB 太陽光 撮影地 愛知県

セイタカアワダチソウの種を食べる雌。身体が赤い雄に比べると地味な色だが、つぶらな目と太く小さなくちばしが雄より強調されてかわいさを倍増させる。

DATA

焦点距離 700mm 撮影モード フレキシブルAE 絞り F5.6
シャッター速度 1/800秒 ISO 800 WB 太陽光 撮影地 愛知県

撮影月・場所ガイド

撮影難易度 ★★

【撮影月】繁殖地は5～7月。越冬は11月～2月。

【撮影場所】草原・河川敷・緑地帯の多い公園。

【生態の特徴】繁殖地では雄の赤い姿が目立ち、草の穂などに止まるので「ピポピポ」という声が聞こえたら探そう。越冬地ではセイタカアワダチソウやススキ、葦の種を食べるのでこちらも声を頼りに探すといい。むやみに歩き回らず、声が聞こえたら立ち止まってその方向を探すと良い。

【注意点】繁殖地では原生花園も多いのでむやみに立ち入らない。

SECTION

16 アカショウビンを撮る

DATA

焦点距離 800mm（35mm判換算）
撮影モード フレキシブルAE　絞り F7.1
シャッター速度 1/40秒　ISO 800
WB オート　撮影地 鳥取県

カワセミの仲間はのんびりすると動かないことが多く、アカショウビンも同じだ。この年は繁殖に失敗したせいかこの枝で2時間もまったりしていた。

美しい身体の色を鮮やかに出したい

カワセミの仲間の中では夏鳥であり、鮮やかな赤色が印象的でとりわけ人気が高い。森の中に響き渡る「キョロロロロロ」と哀愁のあるさえずりは特徴的で、一度聞けば忘れることがない。赤い鮮やかな体色は一見よく目立つと思われるが、実際は森の中では溶け込んでしまい見つけるのは難しい。また木漏れ日が光る林内では、目立つくちばしはテカってしまい撮影も難しさを増す。直射日光が当たる場所よりも、暗くても光がフラットな場所の方がきれいに撮れるのでISO感度を上げて撮影することが多い。

巣穴の近くにあるお気に入りの止まり木で休息している。お気に入りの枝を何か所かマークしておくと、餌を運んできたときなどに飛び立ちや止まりの瞬間を撮ることができる。

DATA

焦点距離 700mm　撮影モード フレキシブルAE　絞り F5.6
シャッター速度 1/15秒　ISO 400　WB オート　撮影地 鳥取県

枝に止まっているアカショウビンを撮っていると、餌をくわえたもう1羽が止まった! ペア止まりが撮れるとは思っていなかったのでラッキーだった。

DATA

焦点距離 700mm　撮影モード フレキシブルAE　絞り F5.6
シャッター速度 1/400秒　ISO 2000　WB オート　撮影地 鳥取県

撮影月・場所ガイド

撮影難易度 ★★★★★

【撮影月】5〜8月

【撮影場所】深い森林。日本海側には多い。

【生態の特徴】カワセミ類は餌を捕るとき以外は、止まり場でのんびり動かないことが多い。そのためスローシャッターでも撮影できる。餌をたたきつけて食べる習性がある。

【注意点】非常に人気が高く、巣が見つかるとたくさんの人が集まり、繁殖に影響が出ることが心配される。SNSなどでの発信は控えたい。

SECTION

17 サンコウチョウを撮る

DATA

焦点距離 1120mm（35mm判換算）
撮影モード 絞り優先AE　絞り F5.6
シャッター速度 1/1000秒　ISO 6400
WB オート　撮影地 愛知県

サンコウチョウの雄の長い尾羽は、杉の枝に止まると枝の一部のように見える。画面的にちょっと寂しかったので、手前にあった緑の葉を前ボケで入れてアクセントにした。

杉やヒノキ林でさえずりを頼りに探す

サンコウチョウの雄は身体の3倍もある長い尾と、目の周りのコバルトブルーのアイリングが特徴。「月・日・星ホイホイホイ」という独特なさえずりが名前の由来（三光鳥）。杉やヒノキ林の暗い場所で繁殖することが多くISO感度を上げての撮影になるが、最新機種は高感度ノイズに強くAF性能も上がっているので以前より撮影はしやすくなっている。特徴的な長い尾をフレームに収めると顔が小さくなるのは仕方ない。人気が高い鳥なので巣の近くにたくさんの人が集まることがあるが、必要以上に近づかないようにしたい。

サンコウチョウが毎年営巣しに来る杉林に行くと、枝に止まる雄がいた。杉林は暗いだけでなく、枝がごちゃごちゃして開けた場所が少ない。撮影にはとても苦労をする。

DATA

焦点距離 1120mm（35mm判換算） 撮影モード マニュアル露出 絞り F5.6
シャッター速度 1/500秒 ISO 6400 WB オート 撮影地 愛知県

林道を歩いていると何かが前の枝に止まった。サンコウチョウの雌だ! 手前の枝が邪魔なので何とか抜けるところを探し「飛ばないでくれ」と祈りながら撮影した。

DATA

焦点距離 1600mm（35mm判換算） 撮影モード マニュアル露出 絞り F5.6
シャッター速度 1/40秒 ISO 800 WB オート 撮影地 静岡県

撮影月・場所ガイド

撮影難易度 ★★★★★

【撮影月】5〜7月

【撮影場所】杉やヒノキ林。

【生態の特徴】身体の3倍になる雄の長い尾羽は、飛翔するときにひらひらと目立つ。暗い場所で杉の枝が込み入る場所では、この尾羽が外敵から身を守るためのカムフラージュとなる。

【注意点】人が集まることで繁殖に悪影響が出る場合もある。たとえ暗くても、ストロボが禁止されている場所では発光させない。

SECTION

18 ライチョウを撮る

DATA

焦点距離 414mm（35mm判換算）
撮影モード フレキシブルAE　絞り F8
シャッター速度 1/2000秒　ISO 500
WB オート　撮影地 富山県

雪の量にもよるが、立山室堂ではGW前にも白い冬羽の残るライチョウを見ることができる。この日はほぼ白い仲の良いペアを撮ることができた。

高山の風景と一緒に撮る

ライチョウは氷河期の生き残りと言われ、本州の限られた高山帯にのみ生息する。長い間「神の鳥、神様の使い」と信仰されていたことから人を恐れない個体が多く、近くで撮影ができる。しかし、たくさんの人に囲まれるとさすがに嫌がるので、人が減るのを待ってから撮影する心の余裕が欲しい。人が少ないとのんびりとした姿や高山の風景を絡めた撮影も比較的簡単にできる。高山帯は特殊な環境なので遊歩道から出て撮影してはいけないし、三脚の脚もはみ出してはいけない。配慮ある撮影を心がけてほしい。

GWを過ぎると雄は白黒の夏羽になっていく。そして縄張りの中の目立つ岩や杭の上で縄張りを見張る。バックに山が入る場所を選んで撮影した。

DATA

焦点距離 136mm（35mm判換算） 撮影モード マニュアル露出 絞り F16
シャッター速度 1/320秒 ISO 200 WB 太陽光 撮影地 富山県

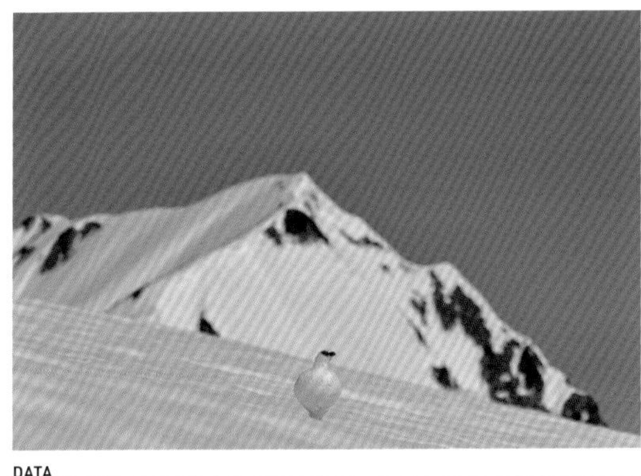

ライチョウを探して歩いていると、こちらに向かって雄が歩いてきた。「ここに来そうだ」と思う位置に先回りして雪の上に寝転んで待っていると、思った通り近くまで来てくれた。

DATA

焦点距離 200mm 撮影モード フレキシブルAE 絞り F11
シャッター速度 1/1000秒 ISO 100 WB 太陽光 撮影地 富山県

撮影月・場所ガイド

撮影難易度 ★

【撮影月】1年中

【撮影場所】北・南アルプスの高山帯。

【生態の特徴】ずんぐりむっくりした体形でほとんど飛ばないが、繁殖期の雄は縄張りへの侵入雄を追いかけるときによく飛ぶ。冬羽は雌雄とも純白になる。

【注意点】遊歩道から出て撮影しない。ハイマツの中に入って休んでいるときに、手を突っ込んで撮影するのも厳禁。嫌がっていたら深追いはしない。

SECTION

19 オジロワシを撮る

DATA

焦点距離 270mm
撮影モード フレキシブルAE 絞り F8
シャッター速度 1/4000秒 ISO 400
WB 太陽光 撮影地 北海道

観光船の真上まで飛んできたが近すぎてフレームからはみ出してしまう。ズーミングで270mmにしてフレームからはみ出さないように高速連写で撮影。

大迫力の飛翔シーンを狙う

北海道では近年繁殖数が増えて通年見られるようになったが、冬鳥として渡って来る身近なワシだ。根室の風蓮湖周辺では氷下漁のおこぼれを狙って氷の上や周辺のトドマツに止まる姿を見ることができる。知床の羅臼では流氷の到来に合わせて観光船を出しているので、流氷とオジロワシの撮影ができる。オオワシも近くに集まるので普段見られない大型猛禽2種を目の前にすれば、興奮するなというのは無理な話だ。テレコンをつけてバストアップを狙うか、100-400mmクラスのレンズなら手持ちで流氷から飛び立つ&着氷のシーンも撮ることができる。

餌を持って流氷の上で食べようとするが、略奪を心配してバランスを崩し、翼を広げた。船の上では手持ちができるズームレンズが便利で、状況に合わせて思い通りの撮影が可能になる。

DATA

焦点距離 500mm　撮影モード フレキシブルAE　絞り F9
シャッター速度 1/2000秒　ISO 400　WB 太陽光　撮影地 北海道

風連湖が凍結すると氷下漁が行われる。そのとき、漁のおこぼれを狙ってオオワシやオジロワシが集まる。このときはオオワシの群れに囲まれてオジロワシが小さく見えた。

DATA

焦点距離 500mm　撮影モード フレキシブルAE　絞り F8
シャッター速度 1/2000秒　ISO 125　WB 太陽光　撮影地 北海道

撮影月・場所ガイド

撮影難易度 ★

【撮影月】1年中

【撮影場所】北海道の海岸や大きな河川・湖沼。

【生態の特徴】基本的には魚食なので、海岸や大きな河川・湖沼でよく見かける。冬は北から渡ってくる個体がいるため数が増える。大型の鳥なので、海岸の崖やテトラポッドなどに止まっていると見つけやすい。

【注意点】落ち着いているように見えるが、警戒心が強いので歩いて近づくとすぐに飛んでいってしまう。

SECTION

20 フクロウ類を撮る

DATA

焦点距離 500mm
撮影モード フレキシブルAE 絞り F8
シャッター速度 1/800秒 ISO 640
WB 曇り 撮影地 北海道

エゾフクロウが木の洞にぴったりフィットしており、まさに擬態。1時間以上ウロウロ探しようやく見つけた。

昼間のフクロウを光や時間を変えて撮影してみる

フクロウは北海道から九州まで留鳥として生息するが、それより以南はいない。北海道のエゾフクロウは他の亜種よりも少し大きく白い身体が美しく、他の地域よりも出会いやすいので撮影のチャンスも増える。日中は木の洞や葉の茂った枝の上で休んでいることが多い。冬場はペアでいることもあるので運が良ければ仲良く並ぶ姿を撮れる。昼間は眠っているので長時間粘るより午前、午後と時間をずらして光の変化を狙ってもいい。カラスの鳴き声がすると目を開けた姿が撮れることもある。しかし、無理に目を開かせようと大声や手をたたくのは言語道断だ。

冬、ペアでいるところを撮影できた。ただ順光で日が当たっているせいでとても眩しそうな表情になってしまった。

DATA

焦点距離 600mm　撮影モード フレキシブルAE　絞り F8
シャッター速度 1/3200秒　ISO 400　WB 太陽光　撮影地 北海道

キビタキを探して夕方森の中を歩いていると、偶然巣立ちびなに出会った。距離があったので1.4倍のエクステンダー＋1.6倍クロップでかわいい表情を撮影。

DATA

焦点距離 1120mm（1.6倍クロップ）　撮影モード フレキシブルAE　絞り F10
シャッター速度 1/60秒　ISO 1250　WB オート　撮影地 北海道

撮影月・場所ガイド

撮影難易度 ★★★★

【撮影月】1年中

【撮影場所】神社の森・里山。

【生態の特徴】夜行性。北海道のエゾフクロウはお気に入りの木の洞で見つけることもできるが、本州のフクロウを日中探すのは非常に難しい。

【注意点】昼間は寝ているので睡眠妨害をしないこと。粘っても大きなアクションは期待できない。

COLUMN

生態を追う　喧嘩

現在、野鳥写真を楽しむ人の多くが、カードゲームをコンプリートするような感覚で、「情報優先」の撮影をしていると感じる。これは通過儀礼的な部分でもあるが、さらに野鳥撮影を楽しむためにはワンランクアップを目指したい。つまり、珍鳥ハンターから脱却して「自分らしい素敵な野鳥写真」を撮れるようになるということ。それには野鳥の生態を知ることが近道だ（→P.56）。例えば、「喧嘩」のシーンはめったに撮れないが、撮れたときのうれしさは格別だろう。野鳥の喧嘩は突然始まるが、かなりにぎやかな声や音がするので気がついたときにすぐに構えれば撮影できるかもしれない。

通常は追いかけっこくらいの喧嘩だが、テンションが上がると水面から飛び上がって喧嘩する。高速連写でコマ数をしっかりとれば、素早い動きもとらえることができる。

鳥の喧嘩は縄張り争いや採餌（奪い合い）の際によく起こるが、機嫌が悪いときは普段しない攻撃行動に出ることもある。このときはコアジサシが水浴び中にいきなりちょっかいを出していた。

CHAPTER 6

季節別
野鳥カタログ&撮影スポット

SECTION

01 春に撮りたい野鳥

DATA

焦点距離 270mm
撮影モード フレキシブルAE　絞り F7.1
シャッター速度 1/1000秒　ISO 250
WB オート　撮影地 愛知県

梅の花の蜜を吸いにやってきたメジロ。満開の梅の樹々の間を忙しそうに飛びまわっていた。

1 春は渡りに立ち寄る鳥が狙い目

春は鳥たちの繁殖が始まる季節。特に「夏鳥」と呼ばれる鳥たちが、日本へ繁殖のために渡って来る。気がつかずに見過ごされてしまうことも多いが、身近な公園でも散歩をしていると、普段出会えないような鳥たちの渡り途中のさえずりを聞けることもあるだろう。さえずりは縄張りを主張するためにも行われるが、パートナーと出会うために訪れる繁殖期の鳥たちは、特に美しい声でさえずる。特にゴールデンウィーク前後の頃からは、そのような鳥たちの姿が目立つようになる。花や新緑と合わせての撮影を楽しむのはいかがだろうか。

2 春に出会える鳥カタログ

◎ 撮影しやすい　○ 比較的撮影しやすい　△ ちょっと難しいかも　☆ 場所によっては撮影しやすい

○の番号は、P.154〜157「全国版 野鳥の観察スポット」で紹介している観察スポットの番号と対応しています。

○ **ハマシギ**(干潟・海岸・田)
㉖㊳㊴㊾51 52 57 63
日本でも越冬するが、春は渡りのために大きな群れを作る。群れの飛翔は迫力があるが、夏羽の姿も狙ってみよう。

△ **オオソリハシシギ**(干潟・海岸)㊳57
雄の夏羽は顔から腹にかけてオレンジ色になる。長距離の渡りをするため滞在期間は短いが、運が良ければ撮影できる。

○ **キアシシギ**(干潟・海岸)㊳
5月中旬頃から数が増えて見つけやすくなる。カニやゴカイを食べるが、時には小魚の群れを追いかけ捕らえて食べることもある。

○ **シロチドリ**(干潟・海岸)㊳㊴52 57
一部が砂浜などで繁殖するが、多くは渡り途中に他のシギやチドリと群れを作り、海岸や干潟でよく目にすることができる。

○ **メダイチドリ**(干潟・海岸)⑥㊳㊴57
多くは渡り途中に他のシギやチドリと群れを作り、海岸や干潟でよく目にする。夏羽はきれいなオレンジ色が目立つ。

○ **コチドリ**(干潟・海岸・田)
㉖㉘㊳㊴㊶㊹㊾60
一部は越冬するが、多くは繁殖や渡り途中で日本に渡来する夏鳥。埋め立て地や畑などで繁殖する。

○ **コアジサシ**(干潟・海岸・埋め立て地)⑳
埋め立て地や河川中洲、砂浜へ繁殖のため渡って来る。毎年同じ場所での繁殖は天敵に狙われることから、繁殖地を移動する傾向がある。

○ **キビタキ**(里山・公園)
①②④⑦⑯⑱㉓㉛㊶㊽50 54 56 59 65
渡り途中では都市公園でも比較的よく目にする。里山からやや標高の高い山地で繁殖する。よく通るきれいな「ピッコロロ」というさえずりが特徴。

○ **オオルリ**(里山・公園)
②⑦⑯㊱㊶50 54 56 59 62
渡り途中では都市公園でも比較的よく目にする。里山からやや標高の高い山地で繁殖する。杉のこずえなどでよくさえずる。

△ **イカル**(里山・公園)⑦㉖㉛㊷50 56 58
「キーコキー」という特徴のある声で鳴く。群れでいることが多いが、繁殖期はペアでの行動になるため探しにくくなる。

◎ **キジバト**(市街地・公園)①56
ドバトと間違いやすいがペアもしくは単独でいる。撮影はしやすい。

◎ **ツバメ**(市街地・住宅地)㉘㉜㉟㊻
民家の軒下に巣を作る。最近はコンビニなどに巣を作る姿も見られる。

◎ **ヒバリ**(草原・畑)㉟㊻㊼54
さえずりながら飛翔している姿を見ることで、生息場所を確認できる。

△ **ウグイス**(市街地・里山・公園)
①⑦㉑㉘㉚㊱56
さえずりが有名なのですぐにわかる。茂みが好きなので撮影は難しい。

○ **メジロ**(市街地・里山・公園)⑱㉘㉚㉛㊵㊷㊺
梅や桜の花が咲くと蜜をなめに来る。群れでいることが多い。

◎ **ホオジロ**(里山・耕作地)㉖㉟㊱㊼㊾55 58
地面で採餌するので足元から飛び立つ。草や木のこずえでさえずるため撮影はしやすい。

○ **セッカ**(河川敷・草原・耕作地)㊻㊼㊾55
草むらや麦畑で「ヒッ、ヒッ、ヒッ」とさえずり飛び上がる小さな鳥。草の幹を掴んで根元から上がってくるときが撮影のチャンス。

◎ **オオヨシキリ**(河川敷・草原・湿地)
⑲㉔㉜㊻55
葦原で「ギョギョシ、ギョギョシ」と大きな声でさえずる。見つからなくても声の方をしばらく見ていると姿を見せてくれることが多い。

☆ **コヨシキリ**(河川敷・草原・湿地)⑤⑧⑪⑭㉔
地域が限定されるが、北海道や東北では比較的出会いやすい。ソングポストが決まっており、そこで待っていれば出会える確率が高い。

○ **キジ**(河川敷・耕作地)
留鳥で農耕地では普通に生息しているが、大きな身体の割には目立たない。春は繁殖のために雄がよく翼を打ちながら「ケーンケーン」と鳴く「ホロうち」が特徴。

SECTION

02 夏に撮りたい野鳥

DATA

焦点距離 896mm（35mm判換算）
撮影モード フレキシブルAE　絞り F4
シャッター速度 1/2000秒　ISO 200
WB 太陽光　撮影地 愛知県

奄美大島や沖縄では、夏鳥としてアジサシの仲間が繁殖にやって来る。非常に日差しが強いため、撮影は時間との戦いだ。

1 初夏は新緑・真夏は水辺がおすすめ

本州では５月下旬、北海道でも７月中旬になれば、繁殖の最盛期から終盤に向かい、あれほどさえずり目立つ場所にいた鳥たちの姿が目につきづらくなってしまう。しかし、水場では木々の枝葉や茂みも少ないので、水辺の鳥たちは比較的観察しやすい。６月までは新緑が美しい山野で、それ以降はぜひ水場で撮影したい。ただ、真夏日は非常に暑いので、朝夕に絞るなどした方が賢明だろう。また、繁殖が終わった鳥たちの子育ての様子も見ることができるのも、夏場の撮影の魅力。カイツブリやバンなどの水鳥は、親子連れで泳ぐシーンにも出会いやすい。

2 夏に出会える鳥カタログ

◎ 撮影しやすい　○ 比較的撮影しやすい　△ ちょっと難しいかも　☆ 場所によっては撮影しやすい

○の番号は、P.154～157「全国版 野鳥の観察スポット」で紹介している観察スポットの番号と対応しています。

△ **コアジサシ**(干潟・海岸・埋め立て地)㉘
河川や水辺でホバリングし、急降下して魚を捕らえる瞬間の撮影は難しい。「キリッ、キリッ」という声が特徴。

☆ **ウミネコ**(港・海岸)⑧⑬⑮⑳㉑㊾
日本では各地で見られる夏のカモメ。黄色い足とくちばしが特徴で、くちばしの先端は黒と赤、尾羽に黒いバンドがある。

☆ **オオセグロカモメ**(港・海岸)⑧⑫⑮
北海道や東北では繁殖していることもあり、普通に見られる。ウミネコに比べてかなり大きく、見間違えることはない。

○ **カワセミ**(公園・池・河川)
⑯㉕㉖㉗㉜㊱㊷㊺㊳⑥⓪⑥②
公園の池でよく見られ、撮影の対象として人気。美しい青い身体が特徴。慣れれば撮影は楽。

△ **アカショウビン**(ブナ林)⑯㊽62 66 67 68
バーダーの憧れで人気の高いカワセミの仲間。「キョロロロロ」と寂しげなさえずりが特徴。標高の高いブナ林で繁殖することが多い。出会うこと自体が難しい。

△ **アオバズク**(公園・里山・寺社林)㊷㊿
「ホホホホホホ」という声で鳴く。夏鳥として渡ってくる焦げ茶の体色のフクロウで、あまり目立たない。

◎ **カイツブリ**(公園・池・河川)
①⑳㉘㊸㊹㊺55 60
カモに似ているが、カモよりずっと小さくよく潜る。ひなを背中にのせる姿が人気。

☆ **ササゴイ**(河川)㊹60
ゴイサギに似ているが、やや小さく、翼の模様が笹の葉に似ている。

◎ **チュウサギ**(耕作地・池・河川)
コサギよりも大きく、ダイサギよりも小さい。夏鳥として渡ってくる。

◎ **アマサギ**(耕作地・池・河川)
コサギに似ているが、コサギより小さい。夏季は頭から胸にかけて黄褐色になる。

◎ **アオサギ**(耕作地・池・河川・海岸・干潟)
④⑲㉘㊱㊹㊻㊾㊿52 55 58 60
日本で一番大きなサギ。鮮やかな青色を想像するが、青灰色でどちらかといえば灰色に近い。しかし成鳥の繁殖期は青みが強くなる。

◎ **ダイサギ**(耕作地・池・河川・海岸・干潟)
⑲㊹㊾55
シラサギと呼ばれるサギの中では、一番大きなサギ。亜種ダイサギと亜種チュウダイサギがあり、ダイサギはより大きい。

◎ **バン**(耕作地・池・河川)㉖㉜㊾
成鳥は黒い身体に赤いおでこが目立つ。田んぼの中で歩いていることが多い。

☆ **ノビタキ**(農耕地・草原)⑤⑨
北海道など、繁殖する地域では比較的数が多く、出会いやすい。雄の夏羽は黒い顔とオレンジの胸が特徴。

☆ **ホオアカ**(草原)54
北海道など、繁殖する地域では比較的数が多く、出会いやすい。雌雄同色だが雌は若干色が薄い。灰色の顔、頬がレンガ色でこれが名前の由来。

☆ **ノゴマ**(草原・海岸・高山帯)⑤⑥⑧⑨⑪
北海道では海岸部から高山帯まで広く分布している。さえずるときに喉の赤色が目立ち、口の中が黒いのも特徴。

☆ **コヨシキリ**(草原・河川敷)⑤⑧⑪⑭㉔
地域が限定されるが、北海道や東北では比較的出会いやすい。ソングポストが決まっており、そこで待っていれば出会える確率が高い。

△ **アカハラ**(里山)㉛㉞
夏鳥として里山からやや標高の高い森で繁殖する(北海道では平地で見られる)。「キョロン・キョロン・ツィー」ときれいなさえずりが特徴。

△ **クロツグミ**(里山)①⑦⑧㉑㉞
夏鳥として里山からやや標高の高い森で繁殖する(北海道では平地で見られる)。雄は木のこずえできれいなさえずりをする。黒い身体に白い腹に黒い模様が目立つ。

☆ **アマツバメ**(海岸・亜高山帯)⑮
海岸や亜高山帯の崖のある場所に行くと、群れで飛翔している。「ジュリリッ」と鳴きながら飛翔し、近いと「ビュビュビュ」という風切り音を聞くこともできる。

SECTION

03 秋に撮りたい野鳥

DATA

焦点距離 400mm
撮影モード フレキシブルAE　絞り F8
シャッター速度 1/1000秒　ISO 640
WB 太陽光　撮影地 愛知県

黄色いセイタカアワダチソウの花に止まるノビタキ。道路脇に車を停めて車中から1.6倍クロップで撮影。

1 秋は紅葉と絡めて撮りたい

鳥と紅葉を組み合わせる撮影はとても難しい。なぜなら、紅葉の美しさや色づく時期はその年の気温に大きく左右されるし、渡り鳥が紅葉のベストシーズンに来てくれるかというタイミングの問題があるからだ。まずは紅葉がきれいな場所で鳥たちの姿を探してみよう。そして、その場所にはどんな鳥が渡って来るのか、どんな留鳥がいるのかなど毎年リサーチしたり予想を立てたりすることで、撮影のイメージを膨らませてみてほしい。紅葉と組み合わせる撮影は、何より普段からの観察経験が勝敗を分けるのだ。

2 秋に出会える鳥カタログ

◎ 撮影しやすい　○ 比較的撮影しやすい　△ ちょっと難しいかも　☆ 場所によっては撮影しやすい

○の番号は、P.154～157「全国版 野鳥の観察スポット」で紹介している観察スポットの番号と対応しています。

○ ノビタキ（耕作地・河川敷）⑤⑨
渡り途中、農耕地などで群れに出会える。冬羽への換羽途中には、いろいろなパターンの個体を楽しめる。短時間で抜けることがあるので、一期一会の覚悟を。

○ ジョウビタキ（市街地・住宅地・公園）⑯⑱㉓㉛㊱㊶㊺㊾58 60
冬鳥として11月頃から越冬する。あまり人を恐れないので撮影は比較的楽。

◎ ヒヨドリ（市街地・耕作地・公園）①②㊵
秋は大群で渡りをするが、年中身近に見られる。餌台の乱暴者と嫌われる一面も。

◎ スズメ（市街地・住宅地・公園・耕作地）③
とても身近な野鳥。警戒心が強く撮影は難しいが、公園や動物園にいる個体は撮影しやすい。

☆ サシバ（渡り）㉕㊲56 61 65 68
夏鳥として渡ってくるが撮影は難しい。しかし、渡りの際にルート上で待てば撮影は比較的簡単。

☆ ハチクマ（渡り）㉟㊲56 61
夏鳥として渡ってくるが撮影は難しい。サシバと同じく、渡りのときはルート上で待てば撮影は簡単だが、サシバよりも数が少ない。

☆ ツミ（渡り）㉛㊲
関東では繁殖していて人を恐れないが、渡り途中では警戒心が強く、止まっている姿を撮影するのがかなり難しい。

☆ ハイタカ（渡り）㊲㊻59 61
渡りのときはルート上で待てば撮影できるが、難しい。越冬する個体もいる。

☆ オオタカ（渡り）⑯⑰㉖㉘㊲㊴㊾53 61 63
渡り途中の幼鳥はこちらを観察しに来ることもあり、撮影は楽。しかし、成鳥はこちらを確認するとコースを変更するほど警戒心が強く、撮影は難しい。

○ ノスリ（渡り）⑭⑯⑰㉕㉖㉗㉘㉟㊲㊾61 63
渡りシーズン後半（11月）は数が多く、撮影は楽。数日同じ地域にいて採餌しながら移動することもあり、渡りのコースで行ったり来たりを繰り返す。

☆ チゴハヤブサ（渡り）
渡り途中にアクロバットな飛翔でトンボを捕らえて、空中で食べる姿を見ることもできる。成鳥は腹からお尻にかけてのレンガ色が目立つ。

○ ハヤブサ（渡り）⑮⑰㉑㉕㉖㉗61 63
農耕地から市街地までさまざまな場所で見られるが、渡りのルート上でも出会える。狩りの際には、捕らえた獲物を飛翔しながら食べる姿も見られる。

☆ ムギマキ（渡り）
秋の渡りのときは虫よりも木の実を食べることが多く、ツルマサキなどの実を食べに集まる。ヒタキ類が集まる木の実がなる場所があれば、出会える可能性もある。

☆ コサメビタキ（渡り・公園）㉛
秋の渡りのときは虫よりも木の実を食べることが多く、公園の開けた場所にある実のなる木に、他のヒタキ類と群れになっていることもある。白いアイリングがクリッとした目を強調する。

☆ エゾビタキ（渡り・公園）㉖56
秋の渡りのときは虫よりも木の実を食べることが多く、公園の開けた場所にある実のなる木に、他のヒタキ類と群れになっていることもある。腹の縦縞が目立つ。

☆ アオバト（海岸）㊷56
夏になると群れで海水を飲みに海岸に集まる。大波にさらわれることもあり、波が高いときはダイナミックなシーンに出会える。

☆ ハリオアマツバメ（渡り）㉟
渡り途中に群れで飛んでいることが多い。アマツバメとの識別ポイントは尾羽。尾羽が四角に見えるのはハリオアマツバメだ。見慣れてくるとアマツバメよりもずんぐりした印象を受ける。

○ マガン（田・湖沼）④⑨⑰⑲㊼㊾
警戒心が強く、近くでの撮影は困難。飛翔は撮影しやすい。

○ ヒシクイ（田・湖沼・草原）⑰⑲
警戒心が強く、撮影は難しい。マガンに交じることもあるがヒシクイだけの群れになっていることが多い。マガンに比べて大きく、黒く感じる。

SECTION
04 冬に撮りたい野鳥

DATA

焦点距離 1000mm
撮影モード フレキシブルAE　絞り F8
シャッター速度 1/2000秒　ISO 320
WB 太陽光　撮影地 鹿児島県

鹿児島県出水市には1万羽を超えるナベヅル、マナヅルが越冬のため集まって来る。普段は農耕地にいることが多いが、この日は近くの川に集まり水浴びを楽しんでいた。

1 冬鳥たちと猛禽類に注目

11月を過ぎると日本で越冬する「冬鳥」たちが北から渡ってくる。比較的ツルやガン、ハクチョウなど中型から大型の鳥が多く、日中は田んぼや湖などの開けた場所で過ごしていることから見つけやすい。しかし見つけやすい一方で、警戒心の強い彼らを撮影するには、あまり近づきすぎず、大抵はブラインドや車内に身を隠さなければならない。一定の距離を保ちながら、クロップ撮影にも備えておくのがおすすめだ。また、これらの冬鳥たちが集まる場所では、捕食者である猛禽類も集まってくるので両方とも狙いたいところだ。

2 冬に出会える鳥カタログ

◎ 撮影しやすい　○ 比較的撮影しやすい　△ ちょっと難しいかも　☆ 場所によっては撮影しやすい

○の番号は、P.154〜157「全国版 野鳥の観察スポット」で紹介している観察スポットの番号と対応しています。

○ ノスリ（河川敷・耕作地・里山）
⑭⑯⑰㉕㉖㉗㉘㉟㊲㊾61 63
越冬するノスリはトビに次いで出会いやすい。成鳥は虹彩が黒っぽく、幼鳥は黄色っぽい。時々のんびり屋さんがいるので、近くで撮影するチャンスもある。

△ オオタカ（河川敷・耕作地・里山）
⑯⑰㉖㉘㊲㊴㊾53 61 63
年中生息する場所もあるが、冬に餌が捕りやすい農地や湖沼に集まる。警戒心が強く撮影は難しいが、運が良ければ近くで撮影できることもある。

△ ハイタカ（河川敷・耕作地）㊲㊻59 61
年によって数の差が大きい。小鳥を捕ることが多く、低い位置を高速で飛翔し小鳥を捕まえる姿の撮影は難しいが、見られるだけでも興奮する。

○ ミサゴ（海岸・湖沼・河川）
⑮⑯㉔㉖㊳㊴㊹㊾51 52 55 60 64
主に魚を捕るため、河川や海岸でホバリングして水中にダイビングする姿が見られる。飛翔時は比較的撮影しやすいが、警戒心が強いので止まっている姿は難しい。

☆ オオワシ（海岸）④⑤⑥⑨⑩⑪⑫59
北海道の海岸線や大きな湖沼地域に越冬のために渡ってくる。特に2月、流氷が流れ着く羅臼では観光船からの撮影もできる。

☆ オジロワシ（海岸）④⑤⑥⑨⑩⑪⑫⑯59
北海道で一部が繁殖。以前よりも数が増えて出会いやすくなった。2月、流氷が流れ着く羅臼では観光船からの撮影もできる。

△ チュウヒ（湿地・河川）④⑨⑭㉔㉕㊳㊴㊹52 53
干拓地や葦原の広がる湿地で繁殖する。冬は大陸からも越冬しに来るので飛翔する姿を狙いやすい。警戒心が強く、止まっている姿は撮影が難しい。

◎ マガモ（河川・湖沼・公園）④⑰㉒㉜㊵㊸㊹52 53
雄のメタリックグリーンの顔が印象的で「青首」と呼ばれるポピュラーなカモ。公園以外では狩猟鳥なので警戒心が強い。

◎ コガモ（河川・湖沼・公園）⑰㉒㉜㊵53 60
群れでいることが多く、小さな身体で泳いでいる姿はかわいい。しかし、アップで狙うと虹彩が茶色なので「目つきが悪い」と感じることも。

◎ オナガガモ（河川・湖沼・公園）
⑰㉒㉜㊴㊵㊹51 62
「餌付け」が一般的だった頃は一番多かった印象がある。現在もそれなりの数は見られる。ディスプレイする雄が胸と尻を反り上げる姿はユーモラス。

◎ ヒドリガモ（河川・湖沼・公園）⑰㉜㉙51 53 60 62
オナガガモと同じく「餌付け」されていた時代はよく見られた。池の中の水草だけではなく、池の周囲の青草もよく食べる。

◎ オオハクチョウ（河川・湖沼・田）
③④⑥⑨⑩⑯⑰㉒㉜
越冬地では餌付けしている場所もあるので、撮影は楽。身体も大きくフォトジェニックで人気が高い。

◎ コハクチョウ（河川・湖沼・田）⑰㉒㉜㊾
越冬地では餌付けしている場所もあるので、撮影は楽。オオハクチョウよりも西の地域まで越冬地がある。

○ モズ（市街地・耕作地・公園）㉖㉟㊼53
「ギーギーギーギー」と甲高い声で鳴き、これをモズの高鳴きと呼ぶ。目立つ枝や杭の上に止まり、長い尾をくるくる回すのが特徴。

○ シジュウカラ（市街地・里山・公園）
①②⑦⑯㉓㉘㉙㉛㉞㉟㊱㊶㊷㊸50 54
1年中見られるが、冬は木の葉が落ちるので見つけやすい。「ツピー、ツピー」という声を頼りに探すといい。公園などでは警戒心の弱い個体が多いので撮影しやすい。

○ ヤマガラ（里山・耕作地・公園）
①②⑦⑱㉓㉛㊶㊷58 59 63
木の実を食べたり、木の幹についた虫を探して食べる。他の鳥たちと混群を作り移動することもある。

△ ルリビタキ（森林・公園）②⑥⑱㊶㊷㊺50
冬鳥として公園などでも見ることができる。雄は青い身体が特徴で暗い場所を好む。比較的人を恐れないので人気が高い。

△ ヒガラ（里山・公園）①⑦⑱54
ヤマガラやシジュウカラに比べると出会える確率は少ないが、混群の中に紛れていることがあるのでよく探して見つかればラッキーだ。

△ ベニマシコ（河川敷）⑤⑨⑪⑯㉕㉗㊶
セイタカアワダチソウや葦の混じる湿地で草の実や小さな虫を食べる。「ピポッピポッ」という声を頼りに探すといい。雄は身体が赤く、雌は明るい茶色で尾が長い。

☆ ナベヅル（耕作地）63
鹿児島県の出水市の干拓地が出会えることで有名。11月になると数が増えるが、3月になると渡りが始まり、数が減る。出水では一番多いツル。

☆ マナヅル（耕作地）63
ナベヅルと同じ地域で見られるが、2月下旬には北帰行が始まる。ナベヅルよりも大きく、目の周りの赤い皮膚が目立つ。

SECTION 05

全国版 野鳥の観察スポット

1 代表的な撮影スポットを巡る

野鳥を観察・撮影できるスポットは、全国各地に存在している。ここでは、全国のバードウォッチャーに愛されている代表的な68のスポットを地域別に紹介する。

北海道

❶ 北海道野幌森林公園

シジュウカラ／クマゲラ／ヒヨドリ／ヤマガラ／エゾアカゲラ／ハシブトガラス／エゾコゲラ／ハシブトガラ／ゴジュウカラ／ヤマゲラ／シロハラゴジュウカラ／アオジ／ウグイス／エゾムシクイ／ヒガラ／クロツグミ／キビタキ／キンクロハジロ／カイツブリ／キジバトなど

❷ 旭山公園

シマエナガ／クマゲラ／アカゲラ／シジュウカラ／ヤマガラ／ハシブトガラ／ヒヨドリ／ハシブトガラス／センダイムシクイ／キビタキ／シロハラゴジュウカラ／エゾオオアカゲラ／オオルリ／ヒレンジャク／ルリビタキ／ヤブサメなど

❸ 釧路市／阿寒郡鶴居村

冬:タンチョウ／ミヤマカケス／スズメ／ハシブトガラ／オオハクチョウなど

❹ ウトナイ湖

オジロワシ／アカゲラ／シマエナガ／マガモ／アオサギ／キビタキ／オオジシギ／チュウヒ／オオハクチョウ／オオワシ／マガン／ホオジロガモなど

❺ 根室半島

冬:オオワシ／オジロワシ／コオリガモ／シノリガモ／ウミアイサ／クロガモ／シロカモメ／ワシカモメ／ヒメウなど
夏:オジロワシ／ノビタキ／ノゴマ／ベニマシコ／コヨシキリ／ウトウ／ケイマフリ／エトピリカなど

❻ 春国岱・風蓮湖

オオワシ／オジロワシ／ケアシノスリ／オオハクチョウ／クロガモ／ビロードキンクロ／タンチョウ／メダイチドリ／キョウジョシギ／シロカモメ／カッコウ／クマゲラ／ノゴマ／ルリビタキ／エゾセンニュウ／シマセンニュウ／センダイムシクイ／ハシブトガラ／ニュウナイスズメなど

❼ 千歳市・野鳥の森

オオルリ／シジュウカラ／キビタキ／クロツグミ／センダイムシクイ／クロジ／コガラ／ウグイス／ハシブトガラ／ヒガラ／ハシブトガラス／シロハラゴジュウカラ／アオジ／ヤマガラ／アカゲラ／イカルなど

❽ 天売島

夏:ウミガラス／ウトウ／ケイマフリ／オオセグロカモメ／ウミネコ／ノゴマ／コヨシキリ／コムクドリ／クロツグミなど

❾ サロベツ原野

シマアオジ／ノビタキ／ノゴマ／カッコウ／ベニマシコ／シマセンニュウ／ツメナガセキレイ／チュウヒ／オオジシギ／タンチョウ／マガン／オオハクチョウ／オオワシ／オジロワシ／アカゲラ／ハシブトガラ／シマエナガ／ベニヒワなど

❿ 厚岸湖・別寒辺牛地区

タンチョウ／オオハクチョウ／オジロワシ／オオワシなど

⓫ 野付半島

夏:アカアシシギ／オオジシギ／ノゴマ／シマセンニュウ／コヨシキリ／ベニマシコ／タンチョウなど
冬:オジロワシ／オオワシ／ユキホオジロ／ハギマシコ／シロカモメ／クロガモ／シノリガモなど

⓬ 羅臼町

夏:ハシボソミズナギドリ／オオセグロカモメ／フルマカモメ／ミツユビカモメ／オジロワシなど
冬:オオワシ／オジロワシ／シノリガモ／ウミアイサ／カワアイサ／オオセグロカモメ／ワシカモメなど

東北地方

⑬ 青森県 蕪島
通年:ウミネコなど

⑭ 青森県 仏沼
夏:オオセッカ／コジュリン／コヨシキリ／カンムリカイツブリ／チュウヒ／ノスリなど

⑮ 岩手県 三陸海岸・姉ヶ崎
アマツバメ／ウミネコ／オオセグロカモメ／ハヤブサ／ミサゴなど

⑯ 岩手県 県立御所湖広域公園
クマタカ／オオタカ／ミサゴ／ノスリ／オジロワシ／オオハクチョウ／カモ類／エナガ／ベニマシコ／ジョウビタキ／オオルリ／キビタキ／カワセミ／シジュウカラ／アカショウビンなど

⑰ 宮城県 伊豆沼・蕪栗沼
冬:マガン／シジュウカラガン／ヒシクイ／ハクガン／コハクチョウ／オオハクチョウ／オナガガモ／マガモ／コガモ／ヒドリガモ／ノスリ／オオタカ／ハヤブサなど

⑱ 宮城県 台原森林公園
ジジュウカラ／ヤマガラ／メジロ／コゲラ／エナガ／キビタキ／コルリ／ムシクイ／ヒガラ／キクイタダキ／マヒワ／アトリ／ツグミ／カシラダカ／ジョウビタキ／ルリビタキ／カルガモなど

⑲ 秋田県 小友沼
マガン／ヒシクイ／アオサギ／ダイサギ／ハクチョウ類／カモ類／オオヨシキリなど

⑳ 秋田県 由利海岸
イソヒヨドリ／ウミウ／ウミネコ／セグロカモメ／ワシカモメ／ウミアイサ／シノリガモ／カイツブリ／シギ類／チドリ類など

㉑ 山形県 飛島
ウミネコ／カモ類／サギ類／アオジ／ウグイス／クロツグミ／ヤツガシラ／カラスバト／ハヤブサ／カンムリウミスズメ／アカモズ／カラフトムシクイ／シマゴマ／オジロビタキ／ツメナガセキレイ／シマノジコなど

㉒ 福島県 猪苗代湖
オオハクチョウ／コハクチョウ／マガモ／コガモ／オナガガモ／キンクロハジロ／ミコアイサ／トビなど

㉓ 福島県 福島市・小鳥の森
アオゲラ／シジュウカラ／ヤマガラ／キビタキ／サンコウチョウ／ツグミ／ジョウビタキ／マヒワなど

関東地方

㉔ 茨城県 妙岐ノ鼻
チュウヒ／ハイイロチュウヒ／ミサゴ／オオジュリン／コジュリン／オオセッカ／トラツグミ／オオヨシキリ／コヨシキリなど

㉕ 栃木県・群馬県 渡良瀬遊水地
チュウヒ／ハイイロチュウヒ／サシバ／ハヤブサ／ノスリ／コミミズク／ベニマシコ／カワセミ／カモ類など

㉖ 埼玉県 伊佐沼
カモ類／サギ類／コチドリ／イカルチドリ／イソシギ／ハマシギ／オオタカ／トビ／ハヤブサ／ミサゴ／ノスリ／バン／モズ／ホオジロ／カワセミ／ハクセキレイ／カワラヒワ／タヒバリ／ツグミ／エゾビタキなど

㉗ 千葉県 手賀沼
ノスリ／チョウゲンボウ／ハヤブサ／カワウ／ユリカモメ／サギ類／カワセミ／カルガモ／カンムリカイツブリ／コブハクチョウ／オオバン／オオジュリン／ベニマシコなど

㉘ 東京都 東京港野鳥公園
夏:カイツブリ／アオサギ／コチドリ／コアジサシ／イワツバメ／ツバメなど
冬:オオタカ／ノスリ／シジュウカラ／ウグイス／メジロ／カモ類／カワウなど

㉙ 東京都 三宅島
夏:アカコッコ／タネコマドリ／イイジマムシクイ／ウチヤマセンニュウ／オーストンヤマガラなど
冬:カラスバト／シジュウカラ／モスケミソサザイ／オーストンヤマガラ／アカコッコなど

㉚ 東京都 父島・母島
通年:メグロ／オガサワラノスリ／メジロ／アカガシラカラスバト／ハシボソウグイス／イソヒヨドリ／シロハラミズナギドリ／オオミズナギドリ／アナドリなど
※本州との航路ではカツオドリやアカアシカツオドリも見られる。

㉛ 神奈川県 生田緑地
アオゲラ／アカゲラ／コゲラ／シジュウカラ／メジロ／エナガ／シロハラ／コジュケイ／イカル／ガビチョウ／ツミ／ヤマガラ／アオジ／アカハラ／ジョウビタキ／ツグミ／ビンズイ／キビタキ／コサメビタキなど

東海・北陸地方

㉜ 新潟県 瓢湖
夏:ヨシゴイ／オオヨシキリ／ツバメ／カワセミ／サギ類／バン／カルガモなど
冬:オオハクチョウ／コハクチョウ／オナガガモ／ヒドリガモ／マガモ／コガモなど

㉝ 富山県 室堂平
ライチョウ／カヤクグリ／ホシガラス／イワヒバリ／イワツバメなど

㉞ 長野県 戸隠森林公園
夏:ノジコ／アオジ／アカハラ／クロツグミ／コルリ／ミソサザイ／ニュウナイスズメなど
冬:アカゲラ／オオアカゲラ／コガラ／ゴジュウカラ／シジュウカラ／フクロウなど

㉟ 岐阜県 ひるがの高原
ハリオアマツバメ／ノスリ／ハチクマ／トビ／ホオジロ／アカゲラ／カケス／ヒバリ／モズ／ツバメ／ハクセキレイ／シジュウカラ／エナガ／カワラヒワ／ホトトギスなど

㊱ 静岡県 県立森林公園
シジュウカラ／ホオジロ／カワラヒワ／ジョウビタキ／カワセミ／サンコウチョウ／ウグイス／オオルリ／アオサギなど

㊲ 愛知県 伊良湖岬
秋の渡り(9月下旬～11月中旬)
サシバ／ハチクマ／オオタカ／ハイタカ／ツミ／ノスリ／オオミズナギドリ／セグロカモメ／ユリカモメなど
春の渡り(4月上旬～5月中旬)
サシバ／ハチクマ／ノスリ／セグロカモメ／ヒメウ／カンムリカイツブリなど

㊳ 愛知県 一色干潟
春:ハマシギ／オオソリハシシギ／ダイシャクシギ／キアシシギ／ソリハシシギ／ダイゼン／ムナグロ／シロチドリ／メダイチドリ／コチドリ／セイタカシギなど
秋・冬:ハマシギ／シロチドリ／ミサゴ／チュウヒなど

㊴ 三重県 安濃川・雲出川河口周辺
春:ハマシギ／ミユビシギ／シロチドリ／メダイチドリ／コチドリ／ミヤコドリなど
秋・冬:ハマシギ／ミユビシギ／シロチドリ／ミサゴ／チュウヒ／オオタカ／ミヤコドリ／ヨシガモ／オナガガモ／ヒドリガモ／ウミアイサ／セグロカモメ／ユリカモメなど

近畿地方

㊵ 滋賀県 三島池自然公園
冬:オシドリ／マガモ／コガモ／オナガガモ／ハシビロガモ／キンクロハジロ
通年:メジロ／ヒヨドリ／コサギ／カルガモなど

㊶ 滋賀県 希望ヶ丘文化公園
エナガ／ジョウビタキ／ルリビタキ／キビタキ／シジュウカラ／コチドリ／ヤマガラ／サンコウチョウ／オオルリ／ベニマシコ／カシラダカなど

㊷ 京都府 京都御苑
ルリビタキ／イカル／シジュウカラ／ヤマガラ／メジロ／カワセミ／アオバト／ミゾゴイ／アオバズクなど

㊸ 京都府 宝が池公園
冬:オシドリ／ホシハジロ／キンクロハジロ／マガモ／カイツブリ／ミソサザイ／シジュウカラ／コゲラなど

㊹ 大阪府 大阪南港野鳥園
春・夏:カイツブリ／ササゴイ／アオサギ／ダイサギ／チュウシャクシギ／ミサゴ／コチドリなど
秋・冬:カイツブリ／ツクシガモ／マガモ／オナガガモ／セイタカシギ／ミサゴ／チュウヒ／アオサギなど

㊺ 兵庫県 県立淡路島公園
カイツブリ／オシドリ／ホシハジロ／カワセミ／ジョウビタキ／ルリビタキ／セグロセキレイ／シロハラ／ツグミ／メジロなど

㊻ 奈良県 平城宮跡
春・夏:ヒバリ／オオヨシキリ／ツバメ／セッカ／アオサギなど
秋・冬:クイナ／ヒクイナ／アオサギ／ハイタカ／チョウゲンボウなど

㊼ 和歌山県 紀の川
トビ／イソヒヨドリ／ヒバリ／ホオジロ／ハクセキレイ／オガワコマドリ／コクガン／マガン／セッカ／カワアイサ／モズ／チョウゲンボウなど

中国・四国地方

48 鳥取県 八東ふる里の森

5月～10月:コノハズク／オオコノハズク／アカショウビン／ミソサザイ／アカゲラ／キビタキなど

49 島根県 宍道湖・中海

マガン／コハクチョウ／キンクロハジロ／ホシハジロ／スズガモ／バン／オオタカ／ノスリ／チョウゲンボウ／ミサゴ／ウミネコ／ユリカモメ／コチドリ／ムナグロ／ダイサギ／アイリギ／セイタカシギ／ハマシギ／セッカ／ホオジロ／ジョウビタキ／ツグミなど

50 岡山県 岡山後楽園

アオサギ／セグロセキレイ／アオバズク／キビタキ／イカルチドリ／イソシギ／オオルリ／ルリビタキ／セグロセキレイ／アオサギ／シジュウカラなど

51 広島県 みずとりの浜公園

秋・冬:ハマシギ／ヒドリガモ／オナガガモ／キンクロハジロ／ウミアイサなど
通年:ユリカモメ／セイタカシギ／イソヒヨドリ／ミサゴ／サギ類など

52 山口県 きらら浜自然観察公園

チュウヒ／ハイイロチュウヒ／コチョウゲンボウ／ミサゴ／ツリスガラ／クロツラヘラサギ／オオバン／カルガモ／ウミアイサ／ヨシガモ／マガモ／アオサギ／コサギ／ハマシギ／シロチドリなど

53 徳島県 県立出島野鳥公園

秋・冬:オオタカ／チュウヒ／ハイイロチュウヒ／タシギ／クイナ／モズ／ホシムクドリ／コガモ／マガモ／ヒドリガモ／オカヨシガモなど

54 愛媛県 四国カルスト

ホオアカ／カッコウ／ホトトギス／ヒバリ／コマドリ／ミソサザイ／オオルリ／キビタキ／アオゲラ／オオアカゲラ／シジュウカラ／ヒガラ／ゴジュウカラなど

55 高知県 四万十川野鳥自然公園

通年:ミサゴ／アオサギ／ダイサギ／ゴイサギ／カイツブリ／オオヨシキリ／セッカ／ホオジロなど

九州地方

56 福岡県 油山市民の森

ハチクマ／エゾビタキ／コマドリ／コムクドリ／サンコウチョウ／アオバト／イカル／ウグイス／エナガ／キジバト／カワラヒワ／オオルリ／キビタキ／サシバ／アオジ／アトリ／マヒワ／ミソサザイなど

57 佐賀県 干潟よか公園

秋～春:ハマシギ／ダイシャクシギ／ホウロクシギ／オオソリハシシギ／トウネン／ソリハシシギ／シロチドリ／メダイチドリ／ダイゼン／ムナグロ／クロツラヘラサギ／ツクシガモ／ズグロカモメなど

58 佐賀県 樫原湿原

カワセミ／アオサギ／アトリ／ホオジロ／アオジ／キセキレイ／ヤマガラ／イカル／ジョウビタキ／ヨシキリなど

59 長崎県 木坂野鳥の森

オオルリ／キビタキ／ヤマガラ／シマノジコ／キマユホオジロ／シロハラホオジロ／アカハラダカ／ハイタカ／オオワシ／オジロワシなど

60 熊本県 水前寺江津湖公園

アオサギ／ササゴイ／コサギ／ヒドリガモ／カルガモ／コガモ／アメリカヒドリ／カイツブリ／オオバン／ハクセキレイ／タシギ／コチドリ／ユリカモメ／カワセミ／アリスイ／ジョウビタキ／ミサゴなど

61 大分県 関崎海星館

秋の渡り(9月～11月)
サシバ／ハチクマ／オオタカ／ハイタカ／ノスリ／ハヤブサなど

62 宮崎県 御池野鳥の森(霧島錦江湾国立公園)

イワミセキレイ／アカショウビン／ヒドリガモ／オナガガモ／カワセミ／オオルリ／オオコノハズク／サンコウチョウなど

63 鹿児島県 出水市

冬:ナベヅル／マナヅル／カナダヅル／クロヅル／クロツラヘラサギ／ヘラサギ／オオタカ／ノスリ／ツクシガモ／タゲリ／ハマシギ／ミヤマガラス／ホシムクドリ／ハヤブサなど

64 鹿児島県 鹿児島市・谷山港

冬:カツオドリ／ミサゴ／トビなど

65 鹿児島県 奄美大島・自然観察の森

通年:ルリカケス／アカヒゲ／オーストンオオアカゲラ／リュウキュウメジロ／リュウキュウサンコウチョウ／リュウキュウキビタキ／オオトラツグミなど
渡り(3月中旬～4月上旬):サシバなど

66 沖縄県 国頭村

通年:ヤンバルクイナ／ノグチゲラ／ホントウアカヒゲ／リュウキュウコゲラ／リュウキュウコノハズク／リュウキュウオオコノハズク／リュウキュウアオバズクなど
夏:リュウキュウアカショウビン／リュウキュウサンコウチョウなど

67 沖縄県 宮古島(大野山林)

通年:リュウキュウコゲラ／リュウキュウコノハズク／リュウキュウオオコノハズク／リュウキュウアオバズク／カラスバト／キンバト／オオクイナなど
夏:リュウキュウアカショウビン／リュウキュウサンコウチョウなど

68 沖縄県 石垣島

通年:リュウキュウツミ／リュウキュウコゲラ／リュウキュウコノハズク／リュウキュウアオバズク／リュウキュウサンショウクイ／ムラサキサギ／カンムリワシなど
夏:リュウキュウアカショウビン／リュウキュウサンコウチョウなど
渡り(9月下旬～10月下旬):アカハラダカ／サシバ／シギ／チドリなど

付録

車内・ブラインドからの撮影方法

野鳥の撮影は姿を隠して行うことも多い。
そこで、車内やブラインドからの撮影方法を紹介する。

車内からの撮影方法

野鳥は人を警戒して逃げてしまうので、種類によっては超望遠レンズでも大きく写すことが難しい。しかし、撮影者が姿を隠すことで予想以上に近くで撮影ができたり、リラックスした姿をとらえることができたりする。姿を隠す方法の1つが車内からの撮影だ。機材を載せたまま移動もしやすいのでおすすめしたい。ただし、農道などの狭い道では他の車の通行の邪魔にならないよう速やかに道を譲るなど、周囲に注意して撮影しよう。

撮影手順

❶通行の邪魔にならないように、鳥を探しながらゆっくり運転する。わき見運転は禁物。見晴らしが良い場所や、鳥たちが好みそうな場所に車を止めて双眼鏡で観察。じっとしていれば鳥たちの方から近くに来ることがある。

▼

❷いつ鳥が現れてもいいように、あらかじめビーンズバッグを窓枠にのせる。ビーンズバッグとは豆を入れた袋のことで、撮影機材やスコープを支えるためのもの。そば殻の枕などでも代用できる。私が使用しているのは、MISAKI DESIGN STUDIOオリジナル。実に安定性が良く使いやすい。

▼

❸目当ての鳥が来たら静かにレンズをビーンズバッグの上にのせて、撮影を開始。ビーンズバッグにのせると安定するので、強風でなければ動画も撮影できる。

ブラインドからの撮影方法

車が入れない場所では、ブラインドを使って撮影するといい。ブラインドは、自分の姿が周りに紛れたり、鳥たちが気にしないようであればどんなものでも構わない。整地されている場所なら、テントタイプがおすすめ。居住空間があるので長時間の撮影に便利だし、少しの雨ならしのげる。また、設置も撤収も簡単なのは、メッシュ素材の布（カムフラージュシート）を被った撮影方法だ。自分の体と機材を覆い、レンズの先だけ出して撮影する。メッシュ素材だと通気性が良く、炎天下でも過ごしやすい。自分の姿を隠すだけなら、布の両端を紐で木の枝に結び、鳥たちから見えにくくするだけでも効果はある。

テント

居住空間が確保でき、長時間の撮影に適している。

体と機材を覆う

メッシュ素材の布を被るだけだが、通気性が良く過ごしやすい。

布を張って隠れる

メッシュ素材の布の両端を木の枝に結んで、隠れるだけでいい。

戸塚 学

1966年、愛知県生まれ。「きれい、かわいい」だけでなく、"生きものの体温、ニオイ"を感じられる写真を撮ることが究極の目標。作品は雑誌、書籍、カレンダーなどに多数発表。著書に写真集『らいちょうころころ』（文一総合出版）、絵本『お山のライチョウ』（偕成社）など。日本野鳥の会会員。西三河野鳥の会会員。SSP日本自然科学写真協会会員。

■ お問い合わせについて

本書の内容に関するご質問は、Webか書面、FAXにて受け付けております。電話によるご質問、および本書に記載されている内容以外の事柄に関するご質問にはお答えできかねます。あらかじめご了承ください。

〒162-0846
東京都新宿区市谷左内町21-13
株式会社技術評論社　書籍編集部
『野鳥撮影 入門＆実践ハンドブック
現地で役立つノウハウ69』質問係

FAX番号：03-3513-6181
お問い合わせフォーム：https://book.gihyo.jp/116

なお、ご質問の際に記載いただいた個人情報は、ご質問の返答以外の目的には使用いたしません。
また、ご質問の返答後は速やかに破棄させていただきます。

野鳥撮影 入門＆実践ハンドブック 現地で役立つノウハウ69

2024年2月8日　初版　第1刷発行

著者　戸塚 学＋MOSH books
発行者　片岡 巌
発行所　株式会社技術評論社
東京都新宿区市谷左内町21-13
電話　03-3513-6150 販売促進部
03-3513-6185 書籍編集部
編集　石井 亮輔／MOSH books
カバーデザイン　宮下 裕一
本文デザイン　桑原 菜月（Zapp!）
製本／印刷　図書印刷株式会社
制作協力　キヤノン㈱、キヤノンマーケティングジャパン㈱、㈱ニコンイメージングジャパン、ソニーマーケティング㈱、ハクバ写真産業㈱、㈱ビクセン、㈱レオフォトジャパン、ヴィデンダムメディアソリューションズ㈱、常盤写真用品㈱、㈱デジスコドットコム、㈱ケンコー・トキナー、興和オプトロニクス㈱

定価はカバーに表示してあります。

ISBN978-4-297-13921-6 C3055

Printed in Japan